▽绘制闹钟图形

▽绘制卡通熊图标

▽绘

▽绘制简笔画南瓜

▽绘制卡通兔子

▽使用符号制作背景

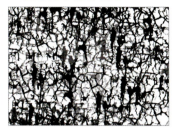

▽制作循环渐变效果

▽制作双色渐变球形子

▽为图像填充颜色

▽制作生日邀请函

▽装饰标题文字

▽制作粒子文字效果

▽制作画册内页

▽快速制作扁平化花朵

▽制作线条文字

▽制作弥散效果图形

▽制作九宫格图像

▽提取黑白线稿

▽制作成绩变化折线图
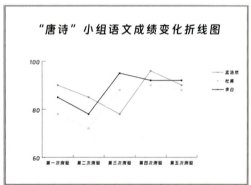

▽装饰折线图表
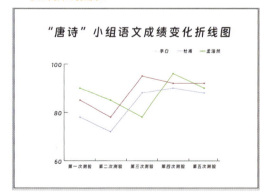

▽制作市场季度占比饼图图表
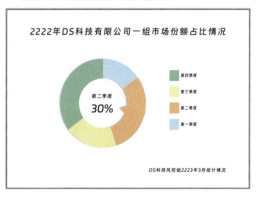

▽制作水彩画效果

▽应用预设文字效果

▽制作立体像素字效果

▽标志模板样式

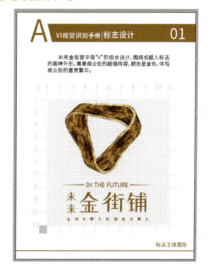

▽手提袋效果图

▽茶叶罐效果图

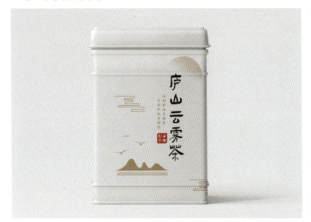

▽手绘风插画

▽ MBE 风插画

▽国潮风插画

▽雪天场景插画

"创新设计思维"
数字媒体与艺术设计类新形态丛书

创意设计

王镭 牛洁云◎主编

乔梁 徐英凯◎副主编

Illustrator +AIGC 平面设计

◆微课版◆

人民邮电出版社
北京

图书在版编目（CIP）数据

Illustrator+AIGC平面设计：微课版 / 王镭，牛洁
云主编. -- 北京：人民邮电出版社，2025. --（"创新
设计思维"数字媒体与艺术设计类新形态丛书）.

ISBN 978-7-115-66786-1

Ⅰ．TP391.412

中国国家版本馆CIP数据核字第2025MG3321号

内 容 提 要

本书以实际应用为写作目的，遵循由浅入深、从理论到实践的原则，结合 AIGC 工具的应用详细介绍使用 Illustrator 2024 进行平面设计的方法与技巧。全书共 14 章，包括平面设计基础知识、Illustrator 基础、线段与图形绘制、路径编辑、色彩填充、文本创建、对象编辑、图像编辑、图表编辑、效果制作、标志的设计与制作、手提袋的设计与制作、包装的设计与制作、插画的设计与制作等内容。

本书可作为本科和高职院校视觉传达设计、数字媒体艺术、新媒体设计等相关专业的教材，也可作为 UI 设计、广告设计、网页设计、插画设计等设计行业从业人员的参考书。

♦ 主　　编　王　镭　牛洁云
　　副主编　乔　梁　徐英凯
　　责任编辑　许金霞
　　责任印制　胡　南

♦ 人民邮电出版社出版发行　　北京市丰台区成寿寺路 11 号
　　邮编　100164　　电子邮件　315@ptpress.com.cn
　　网址　https://www.ptpress.com.cn
　　三河市中晟雅豪印务有限公司印刷

♦ 开本：787×1092　1/16　　　　彩插：2
　　印张：15　　　　　　　　　　2025 年 5 月第 1 版
　　字数：403 千字　　　　　　　2025 年 5 月河北第 1 次印刷

定价：59.80 元

读者服务热线：(010)81055256　印装质量热线：(010)81055316
反盗版热线：(010)81055315

PREFACE

前言

编写目的

Illustrator作为Adobe公司倾力打造的平面设计软件，在UI设计、广告设计、网页设计、插画设计等众多领域内享有广泛的应用与赞誉。掌握使用Illustrator进行平面设计，并巧妙融合AIGC（人工智能生成内容）工具以强化创作成效，已成为UI设计、广告设计、网页设计、插画设计等设计行业从业者的核心技能之一，对于提升作品质量和竞争力至关重要。基于此，我们编写了本书。

全书共14章，第1章对平面设计的理论知识进行介绍，第2~10章以理论结合实操的形式对Illustrator软件的功能进行解析。第11~14章分别对标志、手提袋、商品包装以及插画的设计与制作进行介绍。通过对本书的学习，读者可以了解平面设计的基础理论，熟悉Illustrator 2024软件的使用方法与技巧，提高读者使用Illustrator 2024进行平面设计的能力。

内容特点

本书按照"软件功能解析—课堂实操—实战演练"的思路编排内容，且在每章最后安排"拓展练习"，以帮助读者综合应用所学知识。书中还穿插了"知识链接"板块，帮助读者拓展思维，使其知其然，并知其所以然。

软件功能解析：在对软件的基本操作有了一定的了解后，又进一步对软件具体功能进行详细解析，使读者系统掌握软件各功能的使用方法。

课堂实操：精心挑选课堂案例，结合AIGC工具的应用对课堂案例进行详细解析，读者能够快速掌握AIGC工具的应用和软件的基本操作，熟悉案例设计的基本思路。

实战演练：结合本章相关知识点设置综合性案例，帮助读者更好地巩固所学知识，并达到学以致用的目的。

拓展练习：本书各章均设置了拓展练习，梳理了拓展练习的技术要点，并将操作步骤分解，以帮助读者完成练习，进一步提升实操能力。

融合AIGC工具应用：使用文心一言、即梦AI、豆包等工具进行智能分析、文案写作、创意生成等，不仅大幅提升效率，更激发无限创意，助力用户轻松打造专业级、个性化高质量设计作品。

案例特色

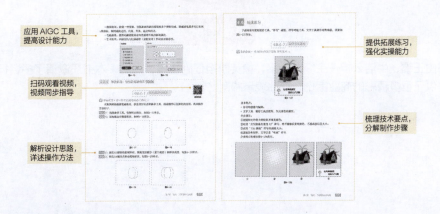

应用 AIGC 工具，
提高设计能力

扫码观看视频，
视频同步指导

解析设计思路，
详述操作方法

提供拓展练习，
强化实操能力

梳理技术要点，
分解制作步骤

学时安排

本书的参考学时为48学时，讲授环节为26学时，实训环节为22学时。各章的参考学时参见以下学时分配表。

章	课 程 内 容	学时分配/学时	
		讲授	实训
第1章	必知：平面设计基础知识	1	1
第2章	基础：新手入门第一课	1	1
第3章	绘制：从线段到几何图形	2	1
第4章	路径：创意图形的构建	2	1
第5章	填色：多样式色彩填充	2	1
第6章	文本：构筑文章框架	2	1
第7章	对象：选择、管理与变换	2	2
第8章	图像：混合、封套与描摹	2	2
第9章	图表：将数据转化为视觉元素	2	2
第10章	效果：特效与外观样式	2	2
第11章	标志的设计与制作	2	2
第12章	手提袋的设计与制作	2	2
第13章	包装的设计与制作	2	2
第14章	插画的设计与制作	2	2
学时总计		26	22

资源获取

本书配套丰富的学习与教学资源，包括所有案例的基础素材、效果文件、PPT课件、教学大纲、教学教案等资料，可登录人邮教育社区（www.ryjiaoyu.com），在本书页面中免费下载使用。

基础素材　效果文件　PPT 课件　教学大纲　教学教案

本书所有案例均配有微课视频，扫描书中二维码即可观看。

编者团队

本书由王镭、牛洁云担任主编，乔梁、徐英凯担任副主编。同时，本书还邀请了多名行业设计师为本书提供了很多精彩的商业案例，在此表示感谢。

编　者

2025年3月

CONTENTS

第 1 章

必知：平面设计
基础知识

Ai

内容导读

本章将讲解平面设计的基础知识，包括色彩相关知识、图像的颜色模式、位图与矢量图、像素与分辨率、文件的存储格式以及AIGC在平面设计中的运用。读者了解并掌握这些基础知识有助于提升设计水平和设计技能，为日后的设计工作打下坚实的基础。

学习目标

- 了解色彩的构成、属性、混合等相关知识。
- 了解位图、矢量图、像素、分辨率等概念。
- 掌握图像的颜色模式。
- 掌握文件的存储格式。

素养目标

- 构建全面的设计理论体系，提升设计实践能力，确保作品的质量。
- 充分认识并积极接纳AIGC技术，认可其在平面设计中的作用，学习利用AI工具进行智能化设计与创作、优化设计流程，提升工作效率和创新能力。

案例展示

位图

矢量图

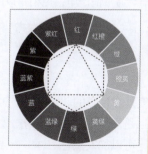

色彩的混合

1.1 色彩相关知识

色彩是设计中最重要的视觉元素之一，能够影响人们的情绪和感知。因此，了解色彩的基本原理和应用技巧对设计师来说至关重要。

1.1.1 色彩的构成

色彩的三原色是色彩构成中的基本概念，指的是不能再分解的3种基本颜色。根据应用领域的不同，三原色可以分为色光三原色和颜料三原色。

1. 色光三原色

色光三原色是指红色（Red，R）、绿色（Green，G）、蓝色（Blue，B），可以通过加色混合得到其他所有色光。在色光混合中，颜色越多越亮，最终可以得到白色，如图1-1所示。电视机、计算机显示器、投影仪等设备就是利用加色法来产生丰富的色彩的。

2. 颜料三原色

颜料三原色是指品红色（Magenta，M）、黄色（Yellow，Y）、青色（Cyan，C），这3种颜色是颜料或染料混合的基础，通过减色混合可以得到其他所有颜色。在颜料混合中，颜色混合后会产生暗色，三原色混合后得到的是黑色，如图1-2所示。商业印刷中通常还会加入黑色（Black），因此实际上采用的是CMYK四色印刷系统，这是因为单独使用C、M、Y这3种颜色很难得到足够深沉的黑色，添加黑色颜料有助于提高图像暗部细节的表现力，并节省彩色油墨的用量。

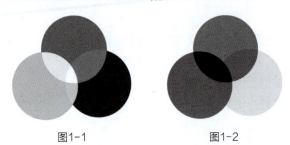

图1-1   图1-2

1.1.2 色彩的属性

色彩的3个属性分别为色相、明度、饱和度。

1. 色相

色相是色彩所呈现出来的质地面貌，主要用于区分颜色。在0°~360°的标准色相环上，可按位置度量色相。通常情况下，色相是以颜色的名称来识别的，如红色、黄色、绿色等，如图1-3所示。

图1-3

2. 明度

明度是指色彩的明暗程度，通常情况下，明度的变化有两种情况，一是不同色相之间的明度变化，二是同色相的明度变化，如图1-4所示。要提高色彩的明度，可以加入白色；要降低色彩的明度，可以加入黑色。

图1-4

3. 饱和度

饱和度是指色彩的鲜艳程度，是色彩感觉强弱的标志。其中红色（#FF0000）、橙色（#FFA500）、黄色（#FFFF00）、绿色（#00FF00）、蓝色（#0000FF）、紫色（#800080）等的饱和度最高。图1-5所示为不同饱和度的红色。

图1-5

1.1.3 色彩的混合

色相环是理解和进行色彩混合的重要工具。它提供了一种直观的方式来查看颜色之间的关系，以及通过混合和匹配颜色来创建新的颜色。

色相环是一个环形的颜色序列，通常包含12~24种不同的颜色，按照它们在光谱中出现的顺序排列。以12色相环为例，它由原色、间色（第二次色）、复色（第三次色）组合而成，如图1-6所示。

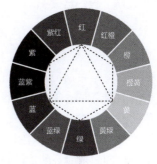

图1-6

（1）原色

原色是不能通过其他颜色的混合得到的"基本色"，即红色、黄色、蓝色，这3种颜色所处的位置形成一个等边三角形。

（2）间色（第二次色）

间色是三原色中的任意2种原色相互混合而成的颜色。如红色+黄色=橙色、黄色+蓝色=绿色、红色+蓝色=紫色，这3种颜色所处的位置形成一个等边三角形。

（3）复色（第三次色）

复色是任意2种间色或3种原色相互混合而产生的颜色，复色的名称一般由2种颜色组成，如橙黄色、黄绿色、蓝紫色等，这3种颜色所处的位置形成一个等边三角形。

（4）同类色

同类色指色相环中夹角在15°以内的颜色，它们色相性质相同，但色度有深浅之分。同类色搭配可以理解为使用不同明度或饱和度的单色进行色彩搭配，通过明暗对比可以表现出层次感，塑造协调、统一的画面。

（5）邻近色

邻近色指色相环中夹角为30°~60°的颜色，它们色相相近，冷暖性质一致。邻近色搭配的效果较为柔和，主要通过明度变化来表现画面效果。

（6）类似色

类似色指色相环中夹角为60°~90°的颜色，它们之间有明显的色相变化。采用类似色搭配的画面色彩活泼，整体效果和谐、统一。

（7）中差色

中差色指色相环中夹角为90°的颜色，这类色彩对比效果较为明显。采用中差色搭配的画面比较轻快，有很强的视觉张力。

（8）对比色

对比色指色相环中夹角为120°的颜色，这类色彩对比效果较为强烈。采用对比色搭配的画面具有矛盾感，矛盾越鲜明，对比越强烈。

（9）互补色

互补色指色相环中夹角为180°的颜色，这类色彩对比效果最为强烈。采用互补色搭配的画面会给人强烈的视觉冲击力。

1.2 图像的颜色模式

图像的颜色模式决定了图像中颜色的表现方式，不同颜色模式适用于不同的输出环境，下面将对常用的RGB模式、CMYK模式、HSB模式、灰度模式以及Lab模式进行介绍。

1.2.1 RGB模式

RGB模式是一种加色模式，在RGB模式中，R（Red）表示红色，G（Green）表示绿色，而B（Blue）则表示蓝色。RGB模式几乎包括人类视力所能感知的所有颜色，是目前应用最广的颜色模式之一。使用RGB模式创建和编辑的图像文件适合在显示器、电视屏幕、投影仪等以光为基础显示颜色的设备上查看。

图1-7

可以通过基于RGB模型的RGB模式处理颜色值。在RGB模式下，每种颜色成分的取值范围为0（黑色）～255（白色）。当所有值均为255时，结果是白色；当所有值均为0时，结果是黑色。当3种成分值相等时，产生灰色，如图1-7所示。

1.2.2 CMYK模式

CMYK模式是一种减色模式，也是InDesign的默认颜色模式。在CMYK模式中，C（Cyan）表示青色，M（Magenta）表示品红色，Y（Yellow）表示黄色，K（Black）表示黑色。

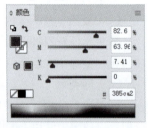

图1-8

可以通过基于CMYK模型的CMYK模式处理颜色值。在CMYK模式下，每种油墨的取值范围为0～100%，如图1-8所示。

1.2.3 HSB模式

HSB 模型以人类对颜色的感觉为基础，描述了颜色的3种基本特性：色相（H）、饱和度（S）和亮度（B）。

可以通过基于HSB模型的HSB模式处理颜色值。色相以角度表示，取值范围通常为0°～360°。饱和度可使用0（灰色）～100%（完全饱和）的值表示，值为100%的颜色是纯色，如图1-9所示。当饱和度降低时，颜色会向灰色过渡，直到饱和度为0。亮度则使用从0（黑色）～100%（白色）的值表示：值为100%时，颜色最亮，呈现白色；值为0时，颜色为黑色。

知识链接

图1-9所示的面板中出现三角形警告图标▲，表示该色超出色域。这是因为RGB模型和HSB模型中的一

些颜色（如霓虹色）在CMYK模型中没有等同的颜色，所以无法打印这些颜色。单击该图标即可校正颜色，如图1-10所示。

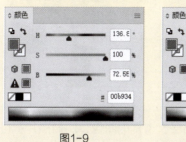

图1-9

图1-10

1.2.4 灰度模式

　　灰度模式是一种只使用单一色调表现图像的颜色模式。灰度模式使用灰色调表示物体，每个灰度对象都具有从0（白色）～100%（黑色）的亮度值，如图1-11所示。使用黑白或灰度扫描仪生成的图像通常以灰度模式显示。

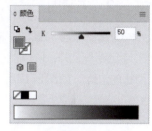

图1-11

　　灰度模式可以简化图像的颜色信息，使其更易于处理和分析。将彩色图像转换为灰度模式，可以去除颜色对图像的影响，以便将对图像的处理聚焦于亮度、对比度和纹理等特征。

1.2.5 Lab模式

　　Lab模式是最接近真实世界颜色的一种模式。其中，L表示亮度，亮度范围是0（黑色）～100%（白色）。a表示绿色到红色的范围，b代表蓝色到黄色的范围，a、b的范围是-128～+127，如图1-12所示。

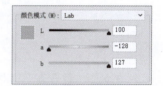

图1-12

　　Lab描述的是颜色的显示方式，而不是设备（如显示器、打印机等）生成颜色所需的特定色料的数量，所以Lab被视为与设备无关的颜色模型。在Illustrator中，可以使用Lab模型创建、显示和输出专色色板。但是，不能以Lab模式创建文件。

1.3 位图与矢量图

　　位图和矢量图是两种不同的图像表示方法。在选择图像表示方法时，应根据具体需求和目的进行权衡。

1.3.1 位图

　　位图也称点阵图像或像素图，由像素组成。每个像素都有特定的位置和颜色值，将多个像素按一定次序进行排列，就组成了色彩斑斓的图像，如图1-13所示。位图与分辨率紧密相关。当位图放大时，像素也会放大，导致图像质量下降，出现锯齿状或马赛克状的边缘，如图1-14所示。

图1-13　　　　　　　　　　　　图1-14

位图非常适用于表现色调连续和色彩层次丰富的图像，例如照片、自然景色、细腻的纹理等。它们能够呈现逼真的视觉效果，表现细微的色彩变化和光影效果。因此，在摄影、绘画、艺术和设计等领域中，位图被广泛应用。

1.3.2　矢量图

矢量图又称向量图，内容以线条和形状等矢量对象为主，如图1-15所示。矢量图的图像质量与分辨率无关，所以能以任意大小输出，且不会遗漏细节或降低清晰度，放大后更不会出现锯齿状的边缘，如图1-16所示。

图1-15　　　　　　　　　　　　图1-16

矢量图的色彩表现相对有限，通常用于表示简单的图形元素，如图标。矢量图适用于需要保持清晰度和一致性的场景，如图形设计、文字设计、标志设计和版式设计等。

🔗 知识链接

矢量图的文件通常较小，因为它们只包含定义图形的矢量数据。矢量图的文件格式包括CDR、AI、EPS、SVG、DWG等。

1.4　像素与分辨率

像素是组成图像的基本元素，分辨率则是衡量这些像素在一定空间内密集程度的标准。了解和掌握像素与分辨率的概念及它们之间的关系对于图像处理、摄影等都非常重要。

1.4.1　像素

像素（Pixel）是构成图像的最小单位，决定了图像的分辨率和质量。在位图（如JPEG、PNG等格式）中，图像的质量和细节丰富度直接取决于其包含的像素数量。像素越多，图像越细腻，表现的颜色层次和细节也越丰富。图1-17、图1-18所示分别为不同像素数量的图像效果。

图1-17　　　　　　　　　　　图1-18

1.4.2　分辨率

分辨率通常指的是单位长度内像素的数量，它可以是屏幕分辨率或图像分辨率。

（1）图像分辨率

图像分辨率通常以"像素/英寸"来表示，是指图像中每单位长度含有的像素数量，如图1-19所示。分辨率高的图像比相同尺寸的低分辨率图像包含更多的像素，因而图像会更加清楚、细腻。分辨率越高，图像文件越大。

（2）屏幕分辨率

屏幕分辨率指屏幕显示的分辨率，即屏幕上显示的像素数量，常见的屏幕分辨率有1920×1080、1600×1200、640×480。在屏幕尺寸一样的情况下，分辨率越高，显示效果就越细腻。在计算机的显示设置中默认显示推荐的显示分辨率，如图1-20所示。

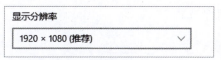

图1-19　　　　　　　　　　　图1-20

1.5　文件的存储格式

文件格式是指使用或创作的图形、图像等的格式，不同的文件格式有不同的使用范围。平面设计软件中常用的文件格式如表1-1所示。

表1-1

格式	说明	扩展名
AI	Illustrator默认格式，可以保存所有编辑信息，包括图层、矢量路径、文本、蒙版、透明度设置等，便于后期进行编辑和修改	.ai
PDF	通用的文件格式，可以保存矢量图、位图和文本等内容，便于共享和打印	.pdf
EPS	一种可以同时包含矢量图和位图的文件格式，通常用于打印输出。EPS格式的一个特点是，它可以将各个画板存储为单独的文件	.eps
SVG	一种基于XML的开放标准矢量图格式，用于在Web上显示和操作矢量图	.svg
TIFF	一种灵活的位图格式，支持多图层和多种颜色模式，在专业领域，尤其是印刷和出版领域有着广泛的应用	.tif

格式	说明	扩展名
JPEG	一种高压缩比的、有损压缩的真彩色图像文件格式，其最大特点是文件比较小，可以进行高倍率的压缩，广泛用于网页和移动设备的图像显示，在印刷、出版等高要求的场合不宜使用	.jpg .jpeg
PNG	一种采用无损压缩算法的位图格式，支持高质量的图像压缩和透明度，在网页设计和图标制作等领域有着广泛的应用	.png
PSD	Photoshop默认格式。可在Illustrator中打开并编辑Photoshop图层和对象	.psd

1.6 探索AIGC在平面设计中的应用

人工智能生成内容（Artificial Intelligence Generated Content，AIGC）是一种利用机器学习、深度学习、自然语言处理、计算机视觉等先进AI技术来自动或半自动创建文本、图像、音频、视频等各种类型内容的新型生产方式。目前AIGC的应用范围广泛，包括但不限于以下方面。

- AI写作：如新闻报道、文学作品、商业文案等。
- AI绘画：生成各种艺术风格的画作、插图甚至设计概念。
- AI音乐创作：制作歌曲、配乐及音效。
- AI视频编辑：自动生成短视频、剪辑片段以及特效合成。
- AI语音合成：用于制作语音播报、有声读物等。

AIGC在平面设计领域，尤其是与Illustrator这类矢量图形设计软件相结合时，其应用可体现在以下几个方面。

1.6.1 设计灵感与创意生成

利用深度学习和神经网络技术，AIGC可以根据设计师提供的关键词、描述，甚至其他视觉参考素材自动生成一系列新颖的设计草图或初步构想，帮助设计师打破思维局限，拓宽设计视野。图1-21、图1-22所示分别为利用AI绘画工具Midjourney生成的设计灵感。

图1-21

图1-22

1.6.2　图形和图案的创建

　　在创建复杂图案或进行需要大量图形元素的设计时，可以利用AIGC。输入简单的设计构想并设定具体参数，AIGC就能自动生成各种复杂的图形和图案，包括几何形状、抽象图案、自然纹理等，这些图形和图案不仅独特，而且与设计师的初衷契合，大大减少了手动创作的时间。图1-23、图1-24所示分别为利用Midjourney生成的网页背景和包装图案。

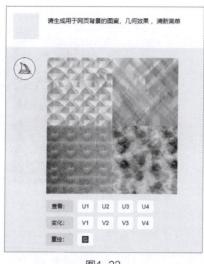

图1-23

图1-24

1.6.3　人物插画和角色设计

　　在Illustrator中进行人物插画和角色设计时，AIGC能够根据描述的性格特征、故事背景和情绪需求生成具有特定风格的形象。设计师可以在此基础上进行细化和调整，从而快速完成高质量的人物插画和角色设计。图1-25、图1-26所示分别为利用Midjourney生成的品牌吉祥物和游戏角色形象。

图1-25

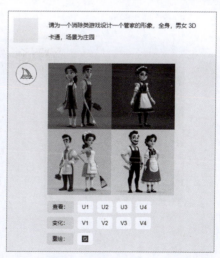

图1-26

1.6.4 风格迁移与模仿

AIGC可以通过学习不同风格的设计作品实现风格的自动迁移和模仿。设计师可以指定目标风格，让AIGC将现有设计转化为该风格，从而提高设计的多样性和创新性。图1-27、图1-28所示分别为利用Midjourney生成的莫奈风格与王希孟《千里江山图》风格的插画。

图1-27

图1-28

1.6.5 颜色方案和配色建议

颜色在平面设计中起着至关重要的作用。AIGC可以分析色彩心理学、设计趋势和用户偏好，为设计师提供合适的颜色方案和配色建议，如图1-29、图1-30所示。设计师可以根据项目需求和目标受众，选择或调整AIGC生成的颜色方案，从而确保设计的色彩搭配既美观又符合项目要求。

图1-29

图1-30

除此之外，在制作大型图册或报告时，需要对多个页面上元素的风格（如颜色、字体大小、边距等）进行统一。AIGC可以自动执行这些烦琐的调整任务，保证文件的一致性，同时节省设计师的时间，让他们可以专注于更有创造性的工作。在进行大规模的个性化邮件营销、社交媒体广告或个性化商品（如T恤、手机壳等）设计时，AIGC可以基于用户数据（如兴趣、购买历史等）生成大量个性化的设计方案。这种方法不仅提高了营销的相关性和吸引力，还在很大程度上提高了设计的效率。

1.7 拓展练习

了解AIGC在平面设计中的应用后，在课后选择一个AIGC工具生成属于自己的设计作品，具体操作如下。

1. 选择AIGC工具

根据需求和技能水平选择一款合适的AIGC平面设计工具，例如DALL·E、Midjourney、Stable Diffusion、Canva AI、Runway ML等。选择任意一个AIGC工具后进行注册、登录操作。

2. 设定设计目标

清晰定义设计目标，比如要设计企业名片、社交媒体封面、海报、广告横幅或者插画等，并确定设计的主题、色彩搭配、字体风格等要素。

3. 上传参考资料或输入关键词

如果有具体的视觉参考素材，可以直接上传，以便AIGC工具更好地理解设计意图。如果没有，则可以输入详细的文本描述，包含对设计所需元素、风格、情绪等方面的精确描述。

4. 启动AI设计

使用AIGC工具提供的界面提交设计需求，触发AI生成设计草图或初步设计方案。

5. 调整与优化

对于AI生成的设计初稿，可以进一步编辑和调整细节，包括颜色、形状、排版等，确保设计作品满足实际需求。根据反馈不断优化设计，直到达到理想的效果。

6. 下载与保存

完成所有编辑和调整后，将最终设计导出为适用于不同用途的高质量文件格式。

7. 版权与使用

检查所生成设计的版权政策，确保合法合规地使用AIGC工具生成的作品。

内容导读

本章将对Illustrator的基础知识进行讲解，包括Illustrator的工作界面、辅助工具的使用、文件的基本操作以及图形对象的显示调整。读者了解并掌握这些基础知识就可以轻松入门，并能高效地进行图形绘制和编辑工作。

学习目标

- 了解Illustrator的工作界面。
- 了解图像辅助工具的功能。
- 掌握文件的基本操作。
- 掌握图形对象的显示调整。

素养目标

- 熟练掌握各个面板、工具栏和菜单的位置与功能，快速找到所需工具，提高工作效率。
- 掌握显示和编辑已有的图形对象的方法，增强面对设计挑战时的应变能力。

案例展示

参考线

缩放工具

裁剪图像比例为 1 ∶ 1

2.1 Illustrator 2024的工作界面

Adobe Illustrator简称"AI"，主要用于创建各种矢量图形，如徽标、图标、图表、插画等，在制作宣传册、海报、杂志、包装、标志及各类商业印刷品等工作中占据核心地位。Illustrator 2024的工作界面如图2-1所示。

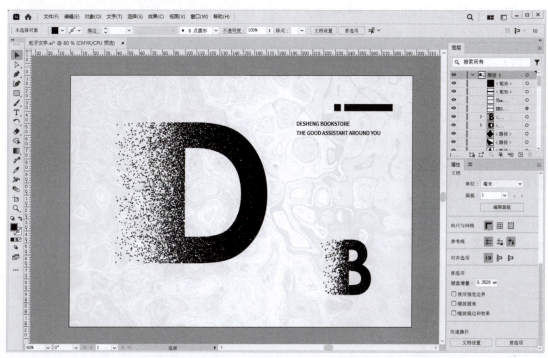

图2-1

2.1.1 菜单栏

菜单栏包括"文件""编辑""对象""文字""窗口"等9个菜单，如图2-2所示。在菜单中选择某一项命令即可执行对应操作。

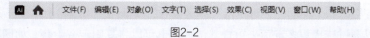

图2-2

2.1.2 控制栏

控制栏位于工作界面顶部，可以快速访问与所选对象相关的选项。例如，在未选择对象时，控制栏上除了显示用于更改对象颜色、位置和尺寸的选项外，还可以访问"文档设置"和"首选项"，如图2-3所示。执行"窗口>控制"命令可以显示或隐藏控制栏。

图2-3

🔗 **知识链接**

若控制栏中的文本带下划线，可以单击文本以显示相关的面板或对话框。例如，单击"描边"按钮 描边：可显示"描边"面板。

2.1.3　工具栏

Illustrator工具栏中包含丰富的图形设计工具，它分为若干个工具组，在带有三角形图标的工具上长按鼠标左键或单击鼠标右键即可展开工具组，以便选择该工具组中的不同工具。使用这些工具，可绘制、选择、移动、编辑对象。

Illustrator的工具栏有"基本"和"高级"两种类型。

默认为"基本"工具栏，如图2-4所示。单击 ►► 按钮可切换为双栏显示，如图2-5所示。单击工具栏下方的"编辑工具栏"的 ••• 按钮，将显示所有工具，如图2-6所示。选择任意一个工具，将其拖动至工具栏中即可添加该工具。单击右上角的 ☰ 按钮，选择显示"高级"工具栏，将显示所有工具，如图2-7所示。

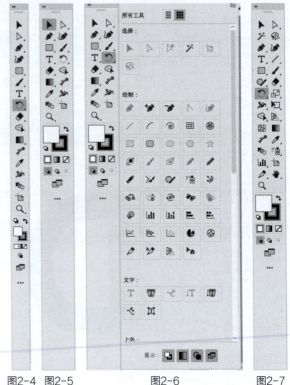

图2-4　图2-5　　　　图2-6　　　　　　图2-7

2.1.4　图像编辑窗口

图像编辑窗口（也称文件窗口或工作区）是设计师进行矢量图形创作的主要工作环境。在这个窗口中，可以绘制和编辑矢量图形、调整和变换图形对象等。窗口的大小可以根据需要进行调整，并可以显示网格、参考线等辅助工具。

2.1.5　上下文任务栏

上下文任务栏是一个浮动栏，可执行一些常见的后续操作。可以将上下文任务栏移动到合适的位置。还可以通过选择更多选项来重置其位置，也可以将其固定或隐藏，如图2-8所示。如果要在隐藏后再次启用，可以执行"窗口>上下文任务栏"命令。

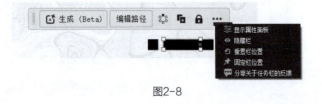

图2-8

2.1.6　浮动面板组

浮动面板组是Illustrator中最重要的组件之一。用户可以自行组合不同面板，执行"窗口"菜单中的命令即可显示对应面板。按住鼠标左键并拖动可以将浮动面板组和窗口分离，如图2-9所示。单击 ◄◄ 、 ►► 按钮或双击面板名称可以展开或折叠面板，如图2-10所示。

2.1.7 状态栏

状态栏显示在工作界面的左下边缘，其中显示了当前缩放级别、当前正在使用的画面、当前正在使用的工具以及用于多个画板的导航控件，如图2-11所示。

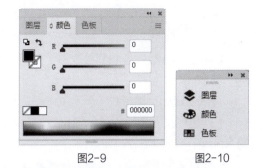

图2-9　　　　　　图2-10

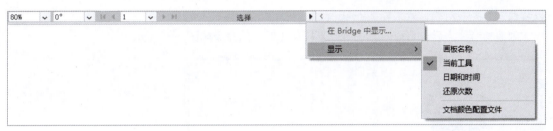

图2-11

2.2 辅助工具的使用

借助标尺、参考线、网格等辅助工具，可以对图形进行精确的定位和尺寸测量，有效提高工作效率和设计精度。

2.2.1 标尺

标尺可以准确定位和度量图像编辑窗口或画板中的对象。执行"视图>标尺>显示标尺"命令，或按Ctrl+R组合键，图像编辑窗口左侧和上方会显示带有刻度的尺子（*x*轴和*y*轴）。右击标尺，会弹出度量单位菜单，可选择或更改度量单位，如图2-12所示。水平标尺与垂直标尺不能分别设置不同的单位。

默认情况下，标尺的零点在画板的左上角。标尺零点可以根据需要改变，在标尺相交的位置按住鼠标左键并向下拖动，会出现两条交叉的虚线，如图2-13所示。松开鼠标，新的零点位置便设置成功了，如图2-14所示。按住空格键拖动鼠标，此时标尺的零点位置便会改变。双击左上角标尺相交的位置即可复位标尺零点。

图2-12

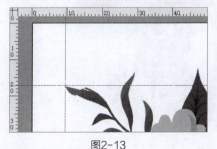

图2-13

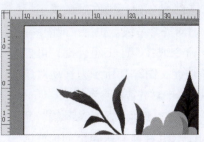

图2-14

2.2.2 参考线

参考线和智能参考线都可以用于对齐文本和图形对象。

1. 参考线

可以创建标尺参考线（垂直或水平的直线）和参考线对象（转换为参考线的矢量对象）。

- 创建标尺参考线：显示标尺后，在水平或垂直标尺上按住鼠标左键向下或向右拖动即可创建参考线，效果如图2-15所示。
- 创建参考线对象：选择矢量对象后，执行"视图>参考线>建立参考线"命令即可将矢量对象转换为参考线对象，效果如图2-16所示。

创建参考线之后，可以对其进行以下操作（对应的命令如图2-17所示）。

图2-15	图2-16	图2-17

- 在画板或者"图层"面板中选择参考线，按Delete键将其删除。
- 执行"视图>参考线>隐藏参考线"命令，或按Ctrl+;组合键隐藏参考线，再按Ctrl+;组合键显示参考线。
- 执行"视图>参考线>锁定参考线"命令，锁定参考线。
- 执行"视图>参考线>清除参考线"命令，清除所有参考线。
- 在"属性"面板中单击 ▦ 按钮隐藏/显示参考线，单击 ▦ 按钮锁定/取消锁定参考线，单击 ▶ 按钮显示/隐藏智能参考线。

> **🔗 知识链接**
>
> 创建参考线后会生成相应的图层。若要对多个参考线进行编辑，可以将它们移入一个单独的图层。

2. 智能参考线

智能参考线是创建、操作对象或画板时显示的临时对齐参考线。执行"视图>智能参考线"命令或按Ctrl+U组合键，可打开或关闭该功能。图2-18所示为移动对象过程中出现的居中对齐智能参考线。

执行"编辑>首选项>智能参考线"命令，或按Ctrl+K组合键，在弹出的"首选项"对话框中可以更改智能参考线显示的方

图2-18

式，如图2-19所示。

其中，常用选项的功能如下。

• 对象参考线：指定参考线的颜色。

• 对齐参考线：显示沿着几何对象、画
板、出血的中心和边缘生成的参考线。

• 锚点/路径标签：在路径相交或路径居
中对齐锚点时显示相应信息。

图2-19

• 对象突出显示：在拖动对象时突出显
示对象，突出显示的颜色与对象所在图层的颜色一致。

• 度量标签：当鼠标指针置于某个锚点上时，为绘图、文本等工具显示有关鼠标指针位置的信息。创建、选择、移动或变换对象时，它会显示对象相对于原始位置的 x 轴和 y 轴的偏移情况。

• 变换工具：在缩放、旋转和倾斜对象时显示相应信息。

• 间距参考线：显示移动间距信息。

• 结构参考线：在绘制新对象时显示参考线。可指定从附近对象的锚点绘制参考线的角度，最多可设置6个角度。

• 对齐容差：在另一对象上指定鼠标指针必须具有的点数，以让智能参考线生效。

2.2.3　网格

网格是一系列交叉的虚线或点，可以精确对齐和定位对象，与参考线一样，是无法打印的。执行"视图>显示网格"命令，或按Ctrl+'组合键可以显示网格，如图2-20所示。执行"视图>隐藏网格"命令，或再次按Ctrl+'组合键可以隐藏网格。

执行"编辑>首选项>参考线和网格"命令，在弹出的对话框中可自定义网格参数，包括颜色、样式、网格线间隔等，如图2-21所示。

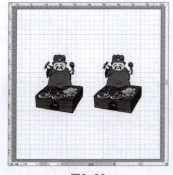

图2-20

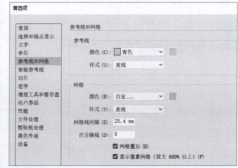

图2-21

2.3　文件的基本操作

Illustrator文件的基本操作主要包括新建文档、打开与置入文件、存储与关闭文件以及导出文件。

2.3.1　新建文档

安装好Illustrator后双击图标，显示Illustrator主页界面，在主页界面中单击"新建"按钮或在预设区域单击"更多预设"按钮，都会弹出"新建文档"对话框，如图2-22所示。

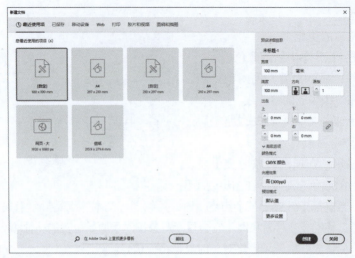

图2-22

该对话框中的常用选项的功能如下。

• 最近使用项：显示最近设置的文档尺寸，也可选择"移动设备""Web"等类别中的预设模板，在右侧可以修改设置。

• 预设详细信息：可以在该文本框中输入新建文档的名称，默认为"未标题-1"。

• 宽度、高度：设置文档尺寸，默认单位是"毫米"。

• 方向：设置文档的页面方向（横向或纵向）。

• 画板：设置画板数量。

• 出血：设置出血参数，当参数值不为0时，可在创建文档的同时在画板四周显示设置的出血范围。

• 颜色模式：设置新建文档的颜色模式，默认为"CMYK颜色"。

• 光栅效果：为文档中的光栅效果指定分辨率，默认为"高（300ppi）"。

• 预览模式：设置文档默认预览模式，包括"默认值""像素""叠印"3种模式。

• 更多设置：单击此按钮会弹出"更多设置"对话框，显示的为旧版"新建文档"对话框。

执行"文件>新建"命令或按Ctrl+N组合键也可以新建文档。

按Ctrl+Shift+N组合键可以打开"从模板新建"对话框，从中可以选择软件自带的模板进行设计与创作，如图2-23所示。

2.3.2 打开与置入文件

在主页界面中单击"打开"按钮 [打开]，将弹出"打开"对话框，如图2-24所示，选择目标文件，单击"打开"按钮即可打开文件。按Ctrl+O组合键或直接将文件拖动到Illustrator的工作界面中也可打开文件。

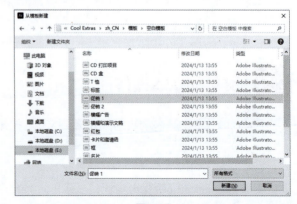

图2-23

执行"文件>置入"命令，在弹出的"置入"对话框中选择一个或多个目标文件，在对话框底部可对置入的文件进行设置，如图2-25所示。

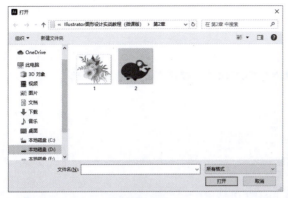 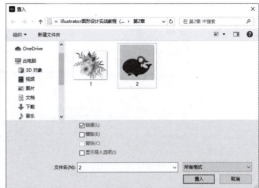

图2-24 图2-25

该对话框中常用选项的功能如下。

● 链接：勾选该复选框，被置入的图形或图像文件与Illustrator文件保持独立。当链接的原文件被修改或编辑时，置入的链接文件会自动更新；若取消勾选，置入的文件会嵌入Illustrator文件中，当未链接的原文件被编辑或修改时置入的文件不会自动更新。"链接"复选框默认勾选。

● 模板：勾选此复选框时，置入的图形或图像会被创建为一个新的模板图层，并用图形或图像的文件名为该模板图层命名。

● 替换：如果在置入图形或图像文件之前文件中存在被选取的图形或图像文件，勾选"替换"复选框则可以用新置入的图形或图像替换被选取的图形或图像。如果没有被选取的图形或图像文件，"替换"复选框不可用。

单击"置入"按钮，拖动鼠标以创建形状，图形或图像会自动适应形状，如图2-26、图2-27所示。若直接在画板上单击，文件将以原始尺寸置入。

图2-26 图2-27

2.3.3 存储与关闭文件

当第一次保存文件时，执行"文件>存储"命令或按Ctrl+S组合键，会弹出"存储为"对话框，在该对话框中输入要保存文件的名称，设置保存文件的位置和类型，如图2-28所示。

图2-28

设置完成后，单击"保存"按钮，弹出"Illustrator选项"对话框，如图2-29所示。该对话框中常用选项的功能如下。

图2-29

• 版本：指定希望文件兼容的Illustrator版本，旧版格式不支持当前版本中的所有功能。

• 创建PDF兼容文件：勾选时，在Illustrator文件中存储文件的PDF格式副本。

• 嵌入ICC配置文件：勾选时，创建色彩管理文件。

• 使用压缩：勾选时，在Illustrator文件中压缩PDF数据。

• 将每个画板存储为单独的文件：勾选时，将每个画板存储为单独的文件，同时还会单独创建一个包含所有画板的主文件。某个画板的所有内容都会包含在与该画板对应的文件中。用于存储文件的画板大小为默认文件启动配置文件的大小。

• 透明度：确定当选择早于9.0版本的 Illustrator格式时如何处理透明对象。选择"保留路径（放弃透明度）"选项可放弃透明效果并将透明图稿重置为100%不透明度和"正常"混合模式。选择"保留外观和叠印"选项可保留与透明对象不相互影响的叠印，与透明对象相互影响的叠印将拼合。

若既要保留修改过的文件，又不想放弃原文件，则可以执行"文件>存储为"命令，或按Ctrl+Shift+S组合键，在弹出的对话框中为修改过的文件重新命名，并设置文件的保存路径和类型。设置完成后，单击"保存"按钮，原文件保持不变；修改过的文件被另存为一个新的文件。

当存储完文件，不需要再进行操作时，便可关闭文件。关闭图像文件的方法如下。

• 单击标题栏最右侧的"关闭"按钮。

• 执行"文件>关闭"命令，或按Ctrl+W组合键，关闭当前图像文件。

• 执行"文件>全部关闭"命令，或按Ctrl+Shift+W组合键，关闭图像编辑窗口中打开的所有图像文件。

• 执行"文件>退出"命令，或按Ctrl+Q组合键，退出Illustrator应用程序。

如果在关闭图像文件之前没有保存修改过的图像文件，系统将弹出图2-30所示的提示对话框，询问用户是否保存对文件所做的修改，根据需要单击相应按钮即可。

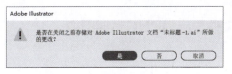

图2-30

2.3.4 导出文件

"存储"命令可以将文件以Illustrator特有的矢量文件格式保存；若要以便于浏览、传输的文件格式保存，则需要执行"文件>导出>导出为"命令，在"导出"对话框中选择相应的文件格式，如图2-31所示。

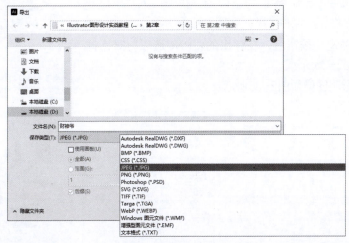

图2-31

该对话框中常用选项的功能如下。

● 使用画板：勾选该复选框，会将每个画板导出为独立的文件。

● 全部：将所有画板导出为单个文件。

● 范围：设置导出某一范围内的画板。

选择文件类型，单击"导出"按钮后会弹出该文件类型的设置对话框。以文件类型"JPEG (*.JPG)"为例，在弹出的"JPEG选项"对话框中可设置相关参数，如图2-32所示。

该对话框中常用选项的功能如下。

● 颜色模型：设置JPEG文件的颜色模型。

● 品质：设置JPEG文件的品质和大小。

● 压缩方法：选择"基线（标准）"选项以使用

图2-32

大多数Web浏览器都识别的格式；选择"基线（优化）"选项以获得优化的颜色和稍小的文件；选择"连续"选项，在图像下载过程中会显示一系列越来越详细的扫描（可以指定扫描次数）。并不是所有Web浏览器都支持"基线（优化）"和"连续"的JPEG图像。

● 分辨率：设置JPEG文件的分辨率。

● 消除锯齿：通过超像素采样消除图稿中的锯齿边缘。

2.3.5 课堂实操：将文件导出为PNG透明图像

实操**2-1** / 将文件导出为PNG透明图像

实例资源 ▶ \第2章\将文件导出为PNG透明图像\花.ai

本案例将文件导出为PNG透明图像。涉及的知识点有文件的打开和导出。具体操作方法如下。

Step 01 打开素材文件，如图2-33所示。

Step 02 执行"文件>导出>导出为"命令，在弹出的"导出"对话框中设置保存路径与保存类型，如图2-34所示。

Step 03 单击"确定"按钮后，在弹出的"PNG选项"对话框中设置参数，如图2-35所示。

导出的PNG透明图像如图2-36所示。

图2-33

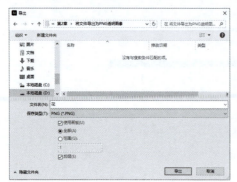

图2-34

图2-35

图2-36

2.4 图形对象的显示调整

图形对象的显示调整涉及多个方面，包括但不限于屏幕模式的设置、画板的设置、图形的缩放以及图像的裁剪等。

2.4.1 屏幕模式

在屏幕模式菜单中可以更改窗口和菜单栏的可视性。单击工具栏底部的"更改屏幕模式"按钮 ，在弹出的菜单中可以选择不同的屏幕模式，如图2-37所示。按Ecs键可以恢复为正常屏幕模式。

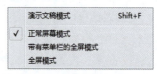

图2-37

● 演示文稿模式：此模式会将图稿显示为演示文稿，其中菜单栏、面板、参考线和边框会处于隐藏状态，如图2-38所示。

● 正常屏幕模式：在标准窗口中显示图稿，菜单栏位于窗口顶部，滚动条位于右侧和底部，如图2-39所示。

图2-38

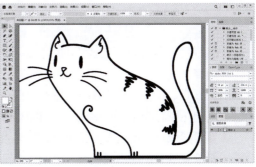

图2-39

- 带有菜单栏的全屏模式：在全屏窗口中显示图稿，在顶部显示菜单栏，滚动条位于底部，如图2-40所示。
- 全屏模式：在全屏窗口中显示图稿，不显示菜单栏等，如图2-41所示。

图2-40

图2-41

 知识链接

按F键可切换屏幕模式。

2.4.2 画板工具

使用画板工具可以创建多个不同大小的画板来组织图稿组件。选择画板工具 或按Shift+O组合键，在原有画板边缘显示定界框。按住Alt键移动可复制画板，在控制栏单击 或 按钮可更改画板方向，拖动定界框上的控制点可以自定义画板大小，如图2-42所示。

图2-42

在图像编辑窗口中任意拖动即可得到一个新的画板，直接拖动画板可调整其显示位置。在画板工具的控制栏中可以精确设置画板大小、方向等，如图2-43所示。

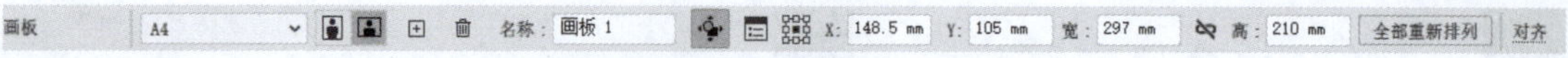

| 画板 | A4 | ∨ | 名称：画板 1 | | X: 148.5 mm | Y: 105 mm | 宽: 297 mm | 高: 210 mm | 全部重新排列 | 对齐 |

图2-43

该控制栏中部分选项或按钮的功能如下。

- 选择预设 A4 ∨ ：选择需要修改的画板，在"预设"下拉列表中可以选择预设尺寸，例如A4、B5、640×480(VGA)、1280×800等。
- 纵向/横向 ：选择画板后，单击 或 按钮可调整画板方向。
- 新建画板 ：单击 按钮可以新建与当前所选画板等大的画板。
- 删除画板 ：选择画板后，单击 按钮可以删除所选画板。
- 名称 画板 1 ：设置画板名称。
- 移动/复制带画板的图稿 ：在移动并复制画板时激活该功能，画板中的内容会同时被移动复制。
- 画板选项 ：单击该按钮，在弹出的对话框中可以对画板的参数进行设置。
- 全部重新排列 全部重新排列 ：单击该按钮，在弹出的对话框中可设置版面、列数以及间距等参数，如图2-44所示。
- 对齐 对齐 ：按住Shift键选中所有画板，单击该按钮，可选择画板的对齐方式。图2-45所示为顶对齐（ ）效果。

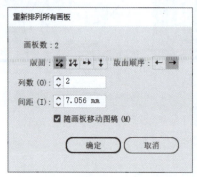

图2-44

图2-45

知识链接

若画板中有隐藏或者锁定的对象，在移动画板时这些对象将不会移动。

2.4.3 缩放工具

图像的缩放是绘制图形时必不可少的辅助操作，可在大图和细节显示之间切换。

选择缩放工具 ，鼠标指针会变为一个中心带有加号的放大镜形状 ，单击可放大图像；按住Alt键，鼠标指针变成 形状，单击可缩小图像。按住鼠标左键向右拖动，可放大鼠标指针所在区域，如图2-46所示。按住鼠标左键向左拖动，可缩小鼠标指针所在区域，如图2-47所示。

图2-46

图2-47

若图像显示得较大，有些局部不能显示，如图2-48所示，可以选择抓手工具或者按住空格键，然后按住鼠标左键，待鼠标指针变为 形状时拖动以调整图像显示位置，如图2-49所示。

图2-48　　　　　　　　　　　图2-49

除此之外，还可以使用以下方法调整图像。

• 按Ctrl+0组合键，图像就会最大限度地全部显示在工作界面中，如图2-50所示。

• 按Ctrl+1组合键，可以将图像按100%的效果显示，如图2-51所示。

• 执行"视图>放大"命令，或按Ctrl++组合键，可放大图像；执行"视图>缩小"命令，或按Ctrl+-组合键，可缩小图像。

• 按住空格键和Ctrl键，鼠标指针会变为一个中心带有加号的放大镜形状 ，按住鼠标左键向右拖动，可放大鼠标指针所在的图像区域，向左拖动则可缩小鼠标指针所在的图像区域。

• 按住空格键，然后按住Alt键，滚动鼠标滚轮可以 为中心放大或缩小图像。

图2-50　　　　　　　　　　　图2-51

2.4.4　裁剪图像功能

裁剪图像功能仅适用于当前选定的图像。此外，链接的图像在裁剪后会变为嵌入的图像。图像被裁剪的部分会被丢弃并且不可恢复。此外，不能在裁剪图像时变换图像。单击"裁剪图像"按钮后，如果尝试变换图像，则会退出裁剪界面。

导入素材图像，如图2-52所示。选择选择工具，单击控制栏的"裁剪图像"按钮，弹出提示对话框，单击"确定"按钮即可，如图2-53所示。若是在"嵌入"图像后单击"裁剪图像"按钮，则不会出现该提示对话框。

图2-52

图2-53

拖动裁剪框可以调整裁剪框的尺寸与显示位置，如图2-54所示。单击控制栏的"应用"按钮或按Enter键完成裁剪，如图2-55所示。

图2-54

图2-55

2.4.5　课堂实操：调整画板大小

微课视频

实操2-2 | 调整画板大小

📦 **实例资源** ▶ \第2章\调整画板大小\春天.jpg

　　本案例将制作尺寸为A4的图像。涉及的知识点有文件的新建、图像的置入、画板的调整等。具体操作方法如下。

Step 01　新建A4大小的文件，执行"文件>置入"命令，在弹出的"置入"对话框中选择目标素材，如图2-56所示。

Step 02　沿文件左侧端点拖动以置入图像，如图2-57所示。

Step 03　选择画板工具，沿画板右边缘向图像边缘拖动，并与右侧边缘对齐，如图2-58所示。

图2-56

图2-57

图2-58

Step 04 切换至选择工具，图像效果如图2-59所示。

图2-59

2.5 实战演练：裁剪图像比例为1∶1

微课视频

实操*2-3* 裁剪图像比例为1∶1

实例资源 ▶ \第2章\裁剪图像比例为1∶1\南瓜.jpg

本实战演练将图像比例裁剪为1∶1，综合练习本章的知识点，以帮助读者熟练掌握和巩固文件的打开、保存，画板的调整以及图像的裁剪等操作。下面将进行操作思路的介绍。

Step 01 打开素材图像，如图2-60所示。

Step 02 选择画板工具，即选择整个画板，如图2-61所示。

图2-60

图2-61

Step 03 在控制栏中设置画板的宽度和高度均为100mm，如图2-62所示。

Step 04 按住Shift键调整图像高度，如图2-63所示。

Step 05 在控制栏中单击"裁剪对象"按钮，调整裁剪显示范围，如图2-64所示。

Step 06 导出JPG格式的图像，如图2-65所示。

图2-62

图2-63

图2-64

图2-65

2.6 拓展练习

下面将练习新建文件并保存的操作，文件的保存效果如图2-66所示。

实操2-4　新建文件并保存文件

实例资源 ▶ \第2章\新建文件并保存文件\图标.ai和图标.png

图标

图标

图2-66

技术要点：

• 新建文件并应用预设符号；
• 将文件存储为默认的AI格式后导出为PNG格式。

分步演示：

①新建文件；

②执行"窗口>符号"命令，打开"符号"面板，在"符号"面板中展开符号库菜单，选择"网页图标"命令打开对应的面板；

③找到"购物车"符号并应用；

④存储为AI格式并导出PNG格式的图像。

分步演示效果如图2-67所示。

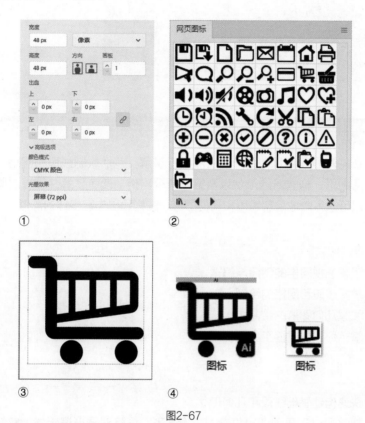

图2-67

第 3 章

绘制：从线段到几何图形

Ai

内容导读

本章将对线段和几何图形的绘制进行讲解，包括绘制线段和网格、绘制几何图形、构建新的形状以及编辑透视网格。读者了解并掌握这些基础知识可以有效地绘制线段和几何图形，并构建出丰富多样的图形。

学习目标

- 了解透视网格的创建与编辑。
- 掌握线段和网格的绘制。
- 掌握几何图形的绘制。
- 掌握形状生成器工具的使用。

素养目标

- 快速构建基础线段和几何形状。
- 能够通过工具创造出复杂的矢量图形，锻炼对图形逻辑的理解能力和空间想象能力。

案例展示

绘制闹钟图形

绘制卡通熊图标

绘制收音机图形

3.1 绘制线段和网格

在Illustrator中可以使用直线段工具、弧形工具、螺旋线工具等工具绘制直线段、曲线或者螺旋线，还可以根据需要绘制网格。

3.1.1 直线段工具

直线段工具可以用来绘制直线段。选择直线段工具 ✏️，在控制栏中设置描边参数，在画板上按住鼠标左键并拖动即可绘制自定义长度的直线。

若要精确地绘制直线段，可以在画板上单击，在弹出的"直线段工具选项"对话框中设置长度和角度，如图3-1所示，单击"确定"按钮生成对应的直线段，还可在控制栏中设置描边和填充等参数，效果如图3-2所示。

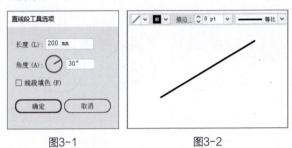

图3-1　　　　　　　　　　　图3-2

> 🔗 **知识链接**
>
> 按住Shift键可以绘制出水平、垂直以及45°、135°等倍增角度的斜线。

3.1.2 弧形工具

弧形工具可以用来绘制弧线与弧形。选择弧形工具 ✏️，在画板上按住鼠标左键并拖动即可绘制自定义长度的弧线。若要精确地绘制弧线，可以在画板上单击，在弹出的"弧线段工具选项"对话框中设置长度、类型等参数，如图3-3所示。

该对话框中各选项的功能如下。

- X轴长度：设置弧线在x轴方向上的长度。
- Y轴长度：设置弧线在y轴方向上的长度。
- 类型：设置对象是开放路径还是封闭路径，图3-4所示分别为开放和闭合的效果。
- 基线轴：设置弧线的方向坐标轴。
- 斜率：设置弧线弯曲的方向和程度。弧线内凹时，斜率为负值；弧线外凸时，斜率为正值；斜率为0时将创建直线段。

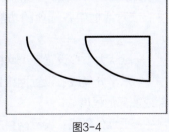

图3-3　　　　　　　　　　　图3-4

- 弧线填色：勾选时，以当前填充颜色为弧线填色。

3.1.3 螺旋线工具

螺旋线工具可以用来绘制螺旋线。选择螺旋线工具 ◎，在画板上按住鼠标左键并拖动即可绘制自定义大小的螺旋线。若要精确地绘制螺旋线，可以在画板上单击，在弹出的"螺旋线"对话框中设置半径、段数等参数，如图3-5所示。

该对话框中各选项的功能如下。

- 半径：设置螺旋线从中心到最外点的距离。
- 衰减：设置螺旋线的每一螺旋相对于上一螺旋应减少的量。
- 段数：设置螺旋线的线段数。螺旋线的每一完整螺旋由4条线段组成。
- 样式：设置螺旋线的方向，图3-6所示为不同方向的螺旋线。

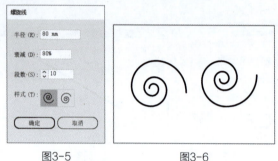

图3-5　　　　　　　　　　图3-6

3.1.4 矩形网格工具

矩形网格工具可以用来绘制指定大小和指定分隔线数量的矩形网格。选择矩形网格工具 囲，在画板上按住鼠标左键并拖动即可绘制自定义大小的矩形网格。若要精准地绘制矩形网格，可以在画板上单击，在弹出的"矩形网格工具选项"对话框中设置相关参数，如图3-7所示，效果如图3-8所示。

该对话框中各选项的功能如下。

图3-7　　　　　　　　　　图3-8

- 默认大小：设置整个网格的宽度和高度。
- 水平分隔线：设置网格顶部和底部之间的分隔线数量。倾斜值决定水平分隔线倾向网格顶部或底部的程度。
- 垂直分隔线：设置网格左侧和右侧之间的分隔线数量。倾斜值决定垂直分隔线倾向网格左侧或右侧的程度。
- 使用外部矩形作为框架：以单独矩形对象替换网格顶部、底部、左侧和右侧的线段。
- 填色网格：勾选时，以当前填充颜色为网格填色（否则，网格的填色为"无"），如图3-8所示。

3.1.5 极坐标网格工具

极坐标网格工具可以用来绘制指定大小和指定分隔线数量的极坐标网格。选择极坐标网格工具 ⊛，在画板上按住鼠标左键并拖动即可绘制自定义大小的极坐标网格。若要精确地绘制极坐标网格，可以在画板上单击，在弹出的"极坐标网格工具选项"对话框中设置相关参数，如图3-9所示，效果如图3-10所示。

该对话框中主要选项的功能如下。

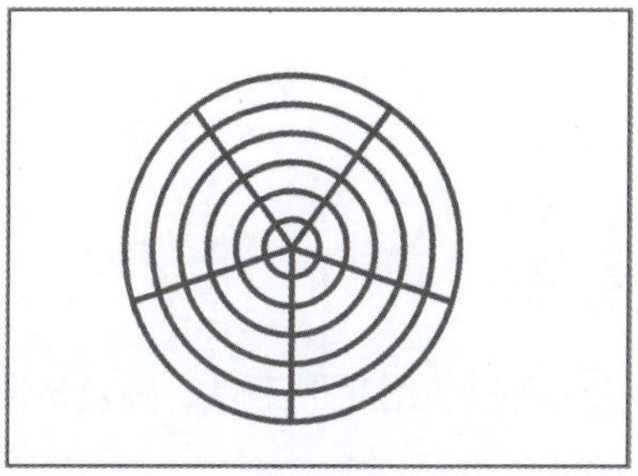

图3-9

图3-10

- 默认大小：设置整个网格的宽度和高度。
- 同心圆分隔线：设置网格中的同心圆分隔线数量。倾斜值决定同心圆分隔线倾向网格内侧或外侧的程度。
- 径向分隔线：设置网格中心和外围之间的径向分隔线数量。倾斜值决定径向分隔线倾向网格上方或下方的程度。
- 从椭圆形创建复合路径：勾选后，将同心圆转换为独立的复合路径。

3.1.6 课堂实操：绘制透明网格背景

微课视频

实操3-1 | 绘制透明网格背景

📁 **实例资源** ▶ \第3章\绘制透明网格背景\网格.ai

本案例将制作透明网格背景。涉及的知识点有文件的新建、文件的导出以及矩形网格工具的应用。具体操作方法如下。

Step 01 新建宽度为216mm、高度为291mm的文件，如图3-11所示。

Step 02 在工具栏中双击矩形网格工具 ▦，在弹出的"矩形网格工具选项"对话框中设置参数，如图3-12所示。应用效果如图3-13所示。

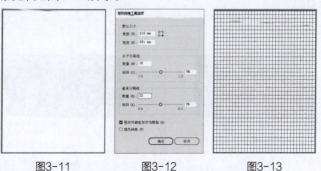

图3-11　　　　图3-12　　　　图3-13

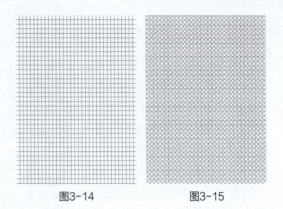

图3-14　　　　　　　　　图3-15

Step 03 设置"描边"为0.5pt，效果如图
3-14所示。

Step 04 执行"文件>导出>导出为"命令，
导出PNG格式的图像，如图3-15所示。

3.2 绘制几何图形

可以使用矩形工具、圆角矩形工具、椭圆工具、多边形工具以及星形工具绘制几何图形。

3.2.1 矩形工具

矩形工具可以用来绘制矩形。选择矩形工具▢，在绘制时按住Alt、Shift键等不同快捷键会
有不同的结果。

- 按住Alt键，鼠标指针变为⊞形状时，拖动鼠标可以绘制以此为中心点向外扩展的矩形。
- 按住Shift键可以绘制正方形。
- 按住Shift+Alt组合键可以绘制以鼠标指针所在位置为中心的正方形。

若要精确地绘制矩形，可以在画板上单击，在弹出的"矩形"对话框中设置宽度和高度，如
图3-16所示，效果如图3-17所示。

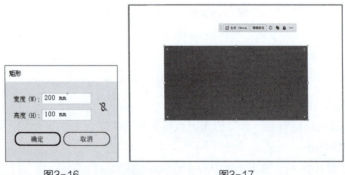

图3-16　　　　　　　　　图3-17

按住鼠标左键并拖动矩形任意一角的控制点▸，如图3-18所示，向下拖动可以将矩形调整
为圆角矩形，如图3-19所示。

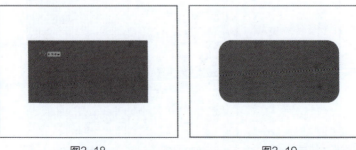

图3-18　　　　　　　　　图3-19

3.2.2 圆角矩形工具

圆角矩形工具可以用来绘制圆角矩形。选择圆角矩形工具 ▢，在画板上按住鼠标左键并拖动即可绘制自定义大小的圆角矩形。若要精确地绘制圆角矩形，可以在画板上单击，在弹出的"圆角矩形"对话框中设置相关参数，如图3-20所示，效果如图3-21所示。

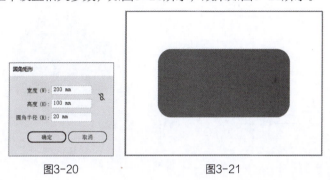

图3-20   图3-21

3.2.3 椭圆工具

椭圆工具可以用来绘制椭圆形和圆形。选择椭圆工具 ⬭，在画板上按住鼠标左键并拖动即可绘制自定义大小的椭圆形和圆形，若要精确地绘制椭圆形和圆形，可以在画板上单击，在弹出的"椭圆"对话框中设置相关参数，如图3-22所示，效果如图3-23所示。

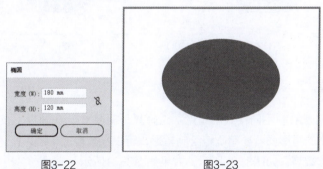

图3-22   图3-23

在绘制椭圆形的过程中按住Shift键可以绘制圆形，按住Alt+Shift键可以绘制以起点为中心的圆形，如图3-24所示。绘制完成后，将鼠标指针放在控制点上，当鼠标指针变为 ⬐ 形状后，可以将椭圆形或圆形调整为饼图，如图3-25所示。

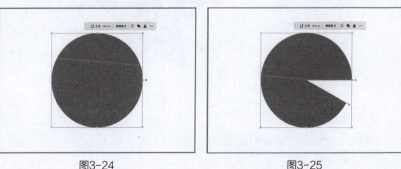

图3-24   图3-25

3.2.4 多边形工具

多边形工具可以用来绘制不同边数的多边形。选择多边形工具 ⬡，在画板上按住鼠标左键并拖动即可绘制自定义大小的多边形。若要精确地绘制多边形，可以在画板上单击，在弹出的"多边形"对话框中设置相关参数，如图3-26所示，效果如图3-27所示。

按住鼠标左键并拖动多边形任意一角的控制点 ，如图3-28所示，向下拖动可以产生圆角效果，当控制点和中心点重合时，便形成圆形，如图3-29所示。

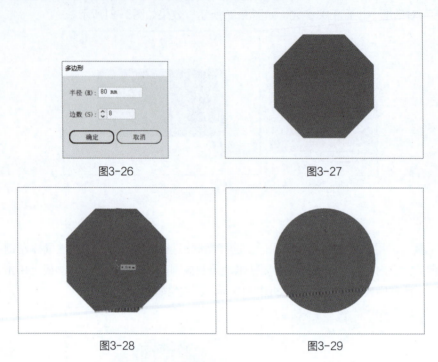

图3-26　　　　　　　　　　　　　　图3-27

图3-28　　　　　　　　　　　　　　图3-29

3.2.5　星形工具

星形工具可以用来绘制不同样式的星形。选择星形工具 ，在画板上按住鼠标左键并拖动即可绘制自定义大小的星形。若要精确地绘制星形，可以在画板上单击，在弹出的"星形"对话框中设置半径与角点数等，如图3-30所示，效果如图3-31所示。

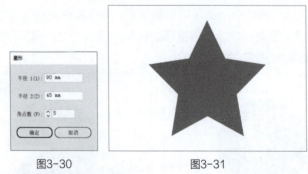

图3-30　　　　　　　　　　　　图3-31

该对话框中各选项的功能如下。

- 半径1：设置星形内侧点到中心的距离。
- 半径2：设置星形外侧点到中心的距离。
- 角点数：设置星形的角数。

在绘制星形的过程中按住Alt键，可以绘制任意角度的星形；按住Alt+Shift键，可以绘制旋转角度为0°的星形，如图3-32所示。绘制完成后拖动控制点可以调整星形角的度数，如图3-33所示。

图3-32

图3-33

3.2.6 课堂实操：绘制闹钟图形 AIGC

实操3-2 绘制闹钟图形

📦 **实例资源** ▶ \第3章\绘制闹钟图形\闹钟.ai

本案例将绘制闹钟图形。涉及的知识点有椭圆工具、矩形工具、圆角矩形工具、旋转工具以及镜像工具的使用。具体操作方法如下。

`Step 01` 使用椭圆工具绘制宽度和高度均为100mm、描边粗细为36pt的圆形，描边颜色为#E83828，如图3-34所示。

`Step 02` 绘制宽度和高度均为30mm的圆形，填充颜色为#F8B62D，如图3-35所示。

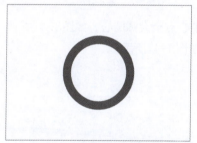

图3-34

图3-35

`Step 03` 拖动控制点调整图形角度为180°，如图3-36所示。

`Step 04` 使用圆角矩形工具绘制高度为30mm、宽度为4.5mm、圆角半径为1mm的圆角矩形，调整图层顺序，如图3-37所示。

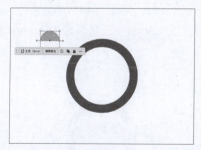

图3-36

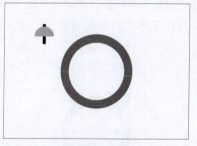

图3-37

`Step 05` 选择半圆和圆角矩形，将它们合并为一组之后旋转35°，如图3-38所示。

`Step 06` 按住Alt键移动复制半圆和圆角矩形，使用镜像工具将其水平翻转并调整至合适的位置，如图3-39所示。

图3-38 图3-39

Step 07 创建分别与画板中的图形水平居中对齐、垂直居中对齐的参考线，锁定参考线，如图3-40所示。

Step 08 选择椭圆工具，绘制高度和宽度均为7mm的圆形，如图3-41所示。

图3-40 图3-41

Step 09 选择旋转工具，按住Alt键调整小圆的中心点至大圆圆心，如图3-42所示。

Step 10 在"旋转"对话框中设置角度为90°，如图3-43所示。

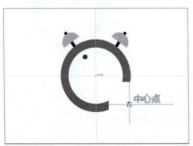

图3-42 图3-43

Step 11 单击"复制"按钮后，按Ctrl+D组合键连续复制，如图3-44所示。

Step 12 使用圆角矩形工具绘制高度为7mm、宽度为1.5mm、圆角半径为0.5mm的圆角矩形，如图3-45所示。

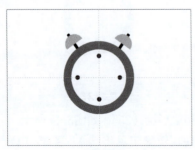

图3-44 图3-45

Step 13 选择旋转工具，按住Alt键调整圆角矩形中心点至大圆圆心，设置旋转角度为30°，单击"确定"按钮，效果如图3-46所示。

Step 14 按住Alt键调整圆角矩形中心点至大圆圆心，设置旋转角度为30°，单击"复制"按钮，效果如图3-47所示。

图3-46　　　　　　　　　　　　　　　图3-47

Step 15 按住Alt键调整新生成的圆角矩形中心点至大圆圆心，设置旋转角度为60°，单击"复制"按钮，效果如图3-48所示。

Step 16 按住Alt键调整新生成的圆角矩形中心点至大圆圆心，设置旋转角度为30°，单击"复制"按钮，效果如图3-49所示。

图3-48　　　　　　　　　　　　　　　图3-49

Step 17 加选左侧其他3个圆角矩形，选择旋转工具，按住Alt键调整它们的中心点至大圆圆心，设置旋转角度为180°，单击"复制"按钮，效果如图3-50所示。

Step 18 按住Alt键移动复制圆形，更改直径为8mm，如图3-51所示。

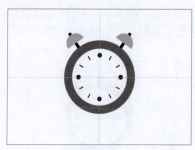 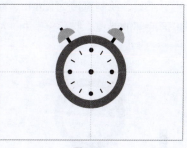

图3-50　　　　　　　　　　　　　　　图3-51

Step 19 使用矩形工具绘制不同高度的矩形，如图3-52所示。

Step 20 分别选择前两个矩形底部的锚点，按住S键并向外拖动鼠标指针，选择第三个矩形的顶部锚点，按住S键并向内拖动鼠标指针，效果如图3-53所示。

Step 21 调整矩形的旋转角度和位置，如图3-54所示。

Step 22 选择椭圆工具，按住Shift+Alt组合键绘制圆形，如图3-55所示。

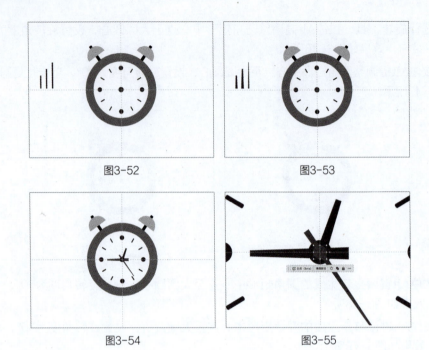

图3-52

图3-53

图3-54

图3-55

Step 23 选择圆角矩形工具，绘制宽度为16mm、高度为5mm、圆角半径为0.5mm的圆角矩形，如图3-56所示。

Step 24 按住Alt键移动复制新绘制的圆角矩形，并旋转90°，将它们居中对齐，如图3-57所示。

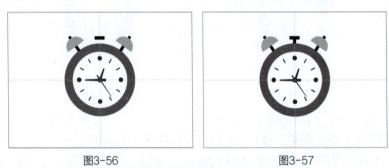

图3-56

图3-57

Step 25 选择矩形工具，绘制宽度为12mm、高度为35mm的矩形，如图3-58所示。

Step 26 选择矩形底部的锚点，按住S键并向内拖动鼠标指针，如图3-59所示。

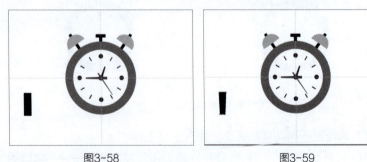

图3-58

图3-59

Step 27 分别拖动矩形底部的控制点，调整圆角半径，如图3-60所示。

Step 28 将矩形旋转330°并调整其位置，如图3-61所示。

Step 29 选择镜像工具，按住Alt键调整中心点后垂直翻转，如图3-62所示。

Step 30 整体调整后隐藏参考线，如图3-63所示。

图3-60   图3-61

图3-62   图3-63

Step 31 根据保存的图像，可以利用AIGC工具（如即梦AI），生成3D立体化效果，如图3-64所示。

图3-64

3.3 构建新的形状

使用Shaper工具可以在绘制时将任意的曲线路径转换为精确的几何图形，使用形状生成器工具则可以在多个重叠的图形中快速得到新的图形。

3.3.1 Shaper工具

Shaper工具不仅可以用来精确地绘制曲线路径，还可以用来对图形进行造型调整。选择Shaper工具 ，按住鼠标左键在画板中粗略地绘制出几何图形的基本轮廓，如图3-65所示，松开鼠标，系统会生成精确的几何图形，如图3-66所示。

使用Shaper工具可以对形状重叠的位置进行涂抹，得到复合图形。绘制两个图形并将它们重叠摆放，选择Shaper工具，按住鼠标左键在重叠区域绘制，如图3-67所示，松开鼠标，该区域被删除，如图3-68所示。

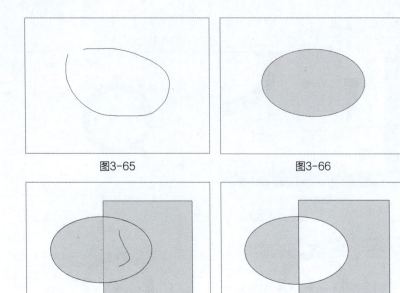

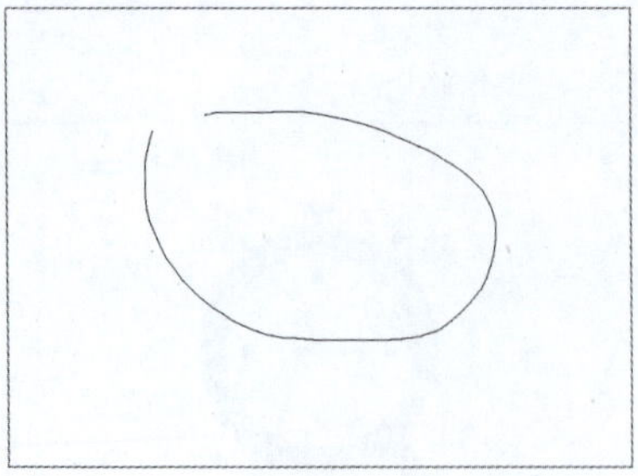

图3-65

图3-66

图3-67

图3-68

3.3.2 形状生成器工具

使用形状生成器工具可以通过合并和涂抹简单的对象来创建更复杂的对象。选择多个图形后，选择形状生成器工具 🖰，或按Shift+M组合键选择该工具，单击或者按住鼠标左键并拖动，如图3-69所示，释放鼠标后会合并路径，创建出新形状，如图3-70所示。

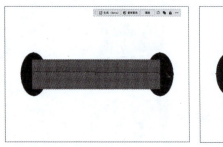

图3-69

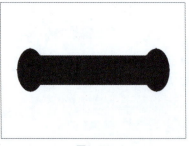

图3-70

3.3.3 课堂实操：绘制矢量图标

微课视频

实操 *3-3* 绘制矢量图标

🗃 **实例资源** ▶ \第3章\绘制卡通熊图标\熊.ai

本案例将绘制卡通熊图标。涉及的知识点有椭圆工具、形状生成器工具、直线段工具以及直接选择工具的应用。具体操作方法如下。

Step 01 新建高度和宽度均为48 px的文件，选择椭圆工具，绘制宽度为38px、高度为36px的椭圆形，如图3-71所示。

Step 02 绘制宽度和高度均为17px的圆形，如图3-72所示。

Step 03 创建垂直居中的参考线，选择镜像工具，按住Alt键调整圆形中心点，并将其垂直翻转，如图3-73所示。

Step 04 按Ctrl+A组合键选择所有图形，使用形状生成器工具合并形状，如图3-74所示。

  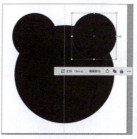 

| 图3-71 | 图3-72 | 图3-73 | 图3-74 |

Step 05 在工具栏中单击 ↰ 按钮，互换填色和描边颜色，在控制栏中单击"描边"按钮 描边：，在弹出的面板中设置参数，如图3-75所示，效果如图3-76所示。

Step 06 绘制水平居中参考线，选择椭圆工具，绘制宽度和高度均为4px的圆形，按住Alt键移动复制圆形，如图3-77所示。

Step 07 选择椭圆工具，绘制宽度和高度均为6px的圆形，将其与水平居中参考线顶对齐，如图3-78所示。

| 图3-75 | 图3-76 | 图3-77 | 图3-78 |

Step 08 选择直线段工具，绘制宽度为8px的直线段，如图3-79所示。

Step 09 选择椭圆工具，绘制椭圆形，如图3-80所示。

Step 10 使用直接选择工具单击椭圆顶部的锚点，按Delete键将其删除，如图3-81所示。

Step 11 隐藏参考线，调整弧线的弧度，如图3-82所示。

| 图3-79 | 图3-80 | 图3-81 | 图3-82 |

3.4 编辑透视网格

用户可以创建和编辑透视网格、定义网格预设，以及在透视网格上绘制和编辑对象。

3.4.1 透视网格工具

Illustrator提供的透视工具组可以制作出真实的三维透视效果。选择透视网格工具 ，在画板上显示透视网格与平面切换构件，如图3-83所示。

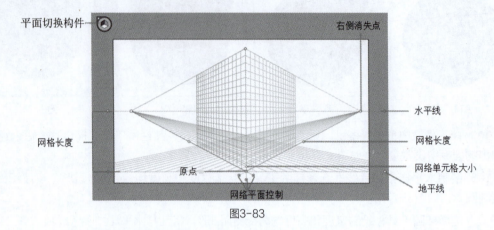

图3-83

其中，可以使用平面切换构件来选择活动网格平面。在透视网格中，活动平面是指在其上绘制对象的平面，以投射观察者对于场景中该部分的视野。按1键可选择左侧网格平面 ，按2键可选择水平网格平面 ，按3键可选择右侧网格平面 。

3.4.2 切换透视方式

Illustrator提供了3种透视，分别为一点透视、两点透视和三点透视。选择"视图>透视网格"命令，可以在其子菜单中选择透视网格预设。

1. 一点透视

一点透视也称平行透视，如图3-84所示，所有的线条最终都会汇聚到一个消失点。这种透视常用于表现深远的场景，使画面具有深远感。在一点透视中，物体的一组平行线会与视平线形成一个交点，产生强烈的透视效果。

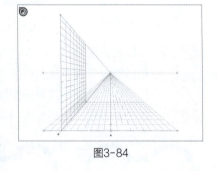

图3-84

2. 两点透视

两点透视也称成角透视，画面中有两个消失点。这种透视常用于展示物体的两个侧面，使画面更具立体感和空间感。在两点透视中，物体的两组平行线会分别与视平线形成两个交点，产生更为复杂的透视效果，如图3-85所示。

3. 三点透视

三点透视也称斜角透视，在两点透视的基础上增加了一个垂直方向上的消失点。这种透视常用于表现高大的建筑物或广阔的场景，使画面在垂直方向上也具有强烈的透视感，如图3-86所示。在三点透视中，除了两组平行线分别与视平线形成交点，还有一组与垂直线平行的线条会与一个垂直方向的消失点相交。

图3-85

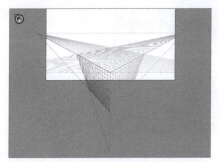

图3-86

3.4.3 在透视网格中绘制对象

要在透视网格中绘制对象，可在网格可见时使用线段工具组或矩形工具组中的工具进行绘制，所绘制的图形将自动沿网格进行透视变形。选择透视网格工具，在平面切换构件中选择一个面，选择矩形工具，将鼠标指针移动到网格上进行拖动绘制，如图3-87所示。释放鼠标将得到具有透视效果的图形，如图3-88所示。

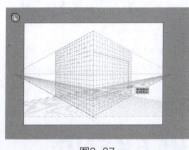
图3-87

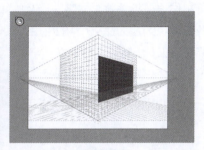
图3-88

3.4.4 在对象中加入透视网格

使用透视选区工具可以将现有的图形拖动到透视网格中，还可以对其进行移动、复制、缩放等。在平面切换构件中选择一个面，选择透视选区工具 ，单击选中图形，如图3-89所示，按住鼠标左键将其向网格拖动，释放鼠标后，图形将应用透视效果，如图3-90所示。

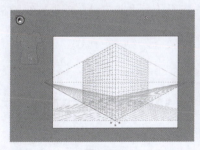
图3-89

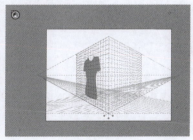
图3-90

3.4.5 释放透视对象

若要从透视网格中释放对象，可以执行"对象>透视>通过透视释放"命令。所选对象会从相关的透视平面中释放，并可作为正常图稿使用，如图3-91所示。按Esc键，或者执行"视图>透视网格>隐藏网格"命令可隐藏透视网格，如图3-92所示。

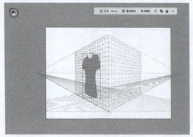
图3-91

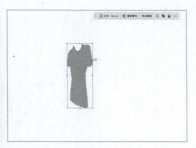
图3-92

3.4.6 课堂实操：制作透视折叠效果文字

实操3-4 制作透视折叠效果文字

微课视频

📦 实例资源 ▶ \第3章\制作透视折叠效果文字\透视文字.ai

本案例将制作透视折叠效果文字。涉及的知识点有文字工具、直线段工具、形状生成器工具、透视网格工具以及透视选区工具的应用。具体操作方法如下。

Step 01 选择文字工具，输入文字，在"字符"面板中设置参数，如图3-93所示。

Step 02 右击文字，在弹出的菜单中选择"创建轮廓"命令，效果如图3-94所示。

图3-93

图3-94

Step 03 选择直线段工具，按住Shift键绘制直线段，如图3-95所示。

Step 04 按Ctrl+A组合键全选文字和直线段，选择形状生成器工具，单击直线段右侧的部分文字形状，如图3-96所示。

图3-95

图3-96

Step 05 删除直线段后取消编组，选择右侧文字形状，更改填充颜色为#2CA6E0，单击上下文任务栏中的"编组"按钮，效果如图3-97所示。

Step 06 对剩下的文字形状进行编组，更改填充颜色为#0B9ED8，如图3-98所示。

图3-97　　　　　　　　　　　　　　图3-98

Step 07 选择透视网格工具，显示透视网格，如图3-99所示。

Step 08 选择透视选区工具，调整右侧文字形状的透视效果，如图3-100所示。

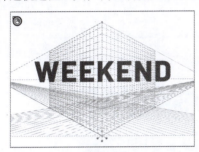

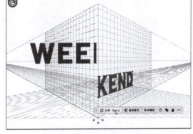

图3-99　　　　　　　　　　　　　　图3-100

Step 09 按1键选择左侧网格平面 ◉，拖动左侧文字形状，调整透视效果，如图3-101所示。

Step 10 按Esc键退出透视网格，调整文字大小，如图3-102所示。

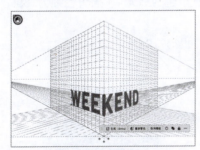

图3-101　　　　　　　　　　　　　　图3-102

3.5　实战演练：绘制收音机图形 AIGC

微课视频

实操3-5　绘制收音机图形

📁 **实例资源** ▶ \第3章\绘制收音机图形\收音机.ai

　　本实战演练将绘制收音机图形，综合练习本章的知识点，以帮助读者熟练掌握和巩固圆角矩形、椭圆形、直线段的绘制与编辑。下面将进行操作思路的介绍。

Step 01 使用圆角矩形工具绘制圆角矩形，圆角半径为40pt，填充颜色为#A9A7FB，如图3-103所示。

Step 02 按Ctrl+C组合键复制圆角矩形，按Ctrl+F组合键原位粘贴圆角矩形，随后调整其高度，如图3-104所示。

图3-103

图3-104

Step 03 在"变换"面板中精确设置高度和圆角半径，如图3-105所示。

Step 04 更改填充颜色为#4348D1，如图3-106所示。

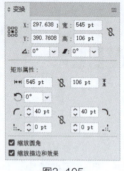

图3-105

图3-106

Step 05 使用圆角矩形工具绘制圆角矩形，设置填色为"无"、描边粗细为18pt，调整图层顺序，如图3-107所示。

Step 06 绘制圆角矩形，调整圆角半径为12pt，如图3-108所示。

图3-107

图3-108

Step 07 选择椭圆工具，按住Shift键绘制圆形，设置描边为白色、5pt，如图3-109所示。

Step 08 绘制圆形，选中两个圆形，进行水平、垂直居中对齐，如图3-110所示。

图3-109

图3-110

Step 09 按住Alt键移动复制圆形组，如图3-111所示。

Step 10 复制左侧圆形组并调整大小，按住Alt键将其移动复制至右侧，如图3-112所示。

图3-111 　　　　　　　　　　　图3-112

Step 11 使用圆角矩形工具分别绘制圆角半径为12pt的圆角矩形，其中大圆角矩形的高度为110pt、宽度为240pt，小圆角矩形高度为220pt、宽度为90pt，如图3-113所示。

Step 12 使用椭圆工具绘制圆形，按住Alt键进行移动复制，如图3-114所示。

图3-113 　　　　　　　　　　　图3-114

Step 13 使用矩形工具绘制矩形，如图3-115所示。

Step 14 使用直线段工具绘制不同高度的直线段，选中所有直线段后将它们水平居中分布，效果如图3-116所示。

图3-115 　　　　　　　　　　　图3-116

Step 15 根据保存的图像，可以利用AIGC工具（如即梦AI），生成更多的配色方案，如图3-117所示。

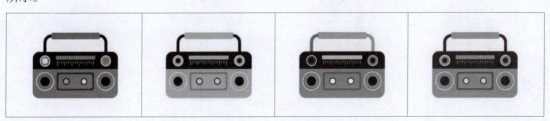

图3-117

3.6　拓展练习

下面将练习使用绘图工具，包括但不限于圆角矩形工具、椭圆工具等，绘制的花瓶图形如图3-118所示。

实操3-6／绘制花瓶图形

📁 **实例资源** ▶ \第3章\绘制花瓶图形\花瓶.ai

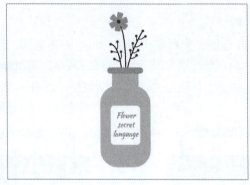

图3-118

技术要点：

- 圆角矩形工具、椭圆工具、弧形工具以及文字工具的使用；
- 编辑路径对象。

分步演示：

①使用圆角矩形工具绘制不同圆角半径的圆角矩形，将它们组合成花瓶，绘制白色圆角矩形，作为瓶身的标签；

②使用弧形工具绘制不同长度的弧线，作为不同角度的花枝；

③使用椭圆工具绘制圆形并填充颜色作为花蕊；

④使用圆角矩形工具和椭圆工具绘制花瓣，使用文字工具输入标签文字。

分步演示效果如图3-119所示。

图3-119

第 4 章

路径：创意图形的构建

Ai

内容导读

本章将对创意图形的构建进行讲解，包括认识路径和锚点、路径绘制工具、路径绘制与调整、编辑路径对象、组合路径与形状以及图形的集合。读者了解并掌握这些基础知识可以创作出丰富多样、具有创意的图形作品。

学习目标

- 了解路径与锚点。
- 掌握路径绘制与调整工具。
- 掌握路径的编辑与复合路径。
- 掌握符号的创建与编辑。

素养目标

- 加强对图形构成的认知，培养对图形设计的敏感度与理解力。
- 可以灵活地将创意转化为具体的图形表达，增强创意实现的能力。

案例展示

绘制简笔画南瓜

绘制卡通兔子

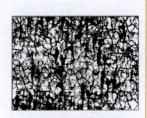
使用符号制作背景

4.1　认识路径和锚点

　　路径是矢量图形的基本构成单元，由一个或多个直线段或曲线段组成，如图4-1所示。路径可以是闭合的，例如圆形或矩形；也可以是开放并具有不同端点的，例如直线或波浪线。拖动路径上的锚点、控制点或路径本身可以改变路径的形状。

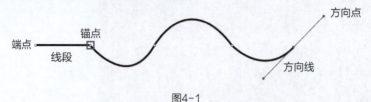

图4-1

　　锚点位于直线的转折处或曲线的控制点上，它们决定了路径的形状和走向。锚点有以下两种类型。

　　• 尖角锚点：用于创建直线段之间的角度转折，这种锚点没有方向线或只有一条方向线，如图4-2所示。

　　• 平滑锚点：用于创建平滑的曲线，平滑锚点具有两条方向线，每条方向线像一个虚拟的手柄，控制着曲线的弯曲程度和弯曲方向，如图4-3所示。

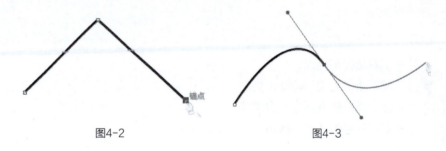

图4-2　　　　　　　　　　　　　　　　图4-3

4.2　路径绘制工具

　　在Illustrator中可以使用钢笔工具、曲率工具、画笔工具绘制曲线段或直线段。

4.2.1　钢笔工具

　　钢笔工具可以使用锚点和手柄精确地创建路径。选择钢笔工具 ，按住Shift键可以绘制水平、垂直或以45°角倍增的直线段，如图4-4所示。若要绘制曲线段，可以在绘制时按住鼠标左键并拖动创建带有方向线的曲线段，方向线的长度和斜度决定了曲线段的形状，如图4-5所示。

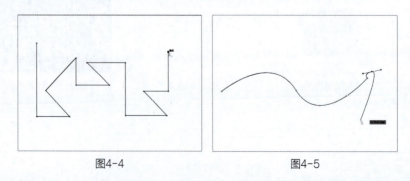

图4-4　　　　　　　　　　　　　　　　图4-5

4.2.2 曲率工具

曲率工具可以使用平滑锚点绘制、编辑路径和形状。选择曲率工具 ✐，在画板上任意位置单击设置第一个锚点，再次单击创建第二个锚点，这两个锚点将形成一条直线段，移动鼠标可预览生成的路径，如图4-6所示，再次单击以添加锚点并创建形状，图4-7所示为闭合形状。

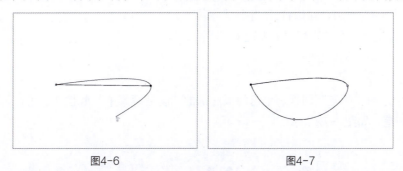

图4-6   图4-7

单击路径上的任意位置可以继续向现有路径添加锚点，单击锚点并按Delete键可以将其删除。拖动锚点可移动其位置，如图4-8所示。双击任意锚点可在尖角锚点和平滑锚点之间切换，如图4-9所示。

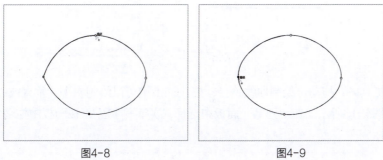

图4-8   图4-9

4.2.3 画笔工具

画笔工具可以通过描边绘制路径，以创建富有表现力的图形，其外观易于调整。

1. 画笔工具选项

在工具栏中双击画笔工具，弹出"画笔工具选项"对话框，如图4-10所示。

该对话框中各选项功能如下。

图4-10

• 保真度：控制必须将鼠标指针移动多远的距离Illustrator才会向路径添加新锚点。例如，保真度值为2.5，表示小于2.5px的工具移动将不生成锚点。保真度可介于0.5~20px，值越大，路径越平滑，复杂程度越低。

• 填充新画笔描边：勾选后，将填色应用于路径。

• 保持选定：确定在绘制路径之后是否让Illustrator保持路径的选中状态。

- 编辑所选路径：确定是否可以使用画笔工具更改现有路径。
- 范围：用于确定鼠标指针须与当前路径相距多远才能使用画笔工具来编辑路径。该选项仅在勾选"编辑所选路径"复选框时可用。

2. "画笔"面板

"画笔"面板显示了当前文件的画笔。无论何时从画笔库中选择画笔，都会自动将其添加到"画笔"面板中。有3种方法可以打开"画笔"面板。

- 选择画笔工具，在控制栏中可设置画笔类型。
- 执行"窗口>画笔"命令。
- 按F5键。

图4-11所示为"画笔"面板。单击面板底部的"画笔库菜单" 按钮，可在弹出的菜单中选择相应的画笔，如图4-12所示。

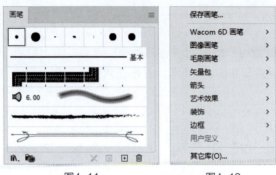

图4-11　　　　　　　图4-12

选择画笔工具，拖动可绘制曲线路径，按住Shift键可以绘制水平、垂直或以45°角倍增的直线路径，如图4-13所示。在"画笔"面板中选择"炭笔-羽毛"，在画板中拖动绘制，效果如图4-14所示。

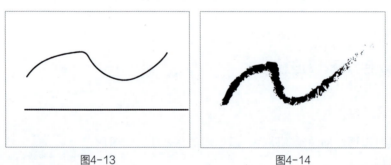

图4-13　　　　　　　　　　　图4-14

3. 新建画笔

直接将新建的画笔拖至"画笔"面板中，或在"画笔"面板中单击"新建画笔"按钮，弹出"新建画笔"对话框，如图4-15所示。选择任意一个画笔类型，单击"确定"按钮可打开相应画笔的选项对话框，图4-16所示为"书法画笔选项"对话框。

在"新建画笔"对话框中，可以选择以下画笔类型。

- 书法画笔：创建的描边类似于使用书法钢笔带拐角的尖绘制的描边以及沿路径中心绘制的描边。在使用斑点画笔工具 时，可以使用书法画笔进行上色并自动扩展画笔描边成填充形状，该填充形状与其他具有相同颜色的填充对象（交叉在一起或其堆栈顺序是相邻的）进行合并。
- 散点画笔：将一个对象的许多副本（例如一片树叶、一朵花等）沿着路径分布。

● 图案画笔：绘制一种图案，该图案由沿路径重复的各个拼贴组成。图案画笔最多可以包括5种拼贴，即图案的边线、内角、外角、起点和终点。

● 毛刷画笔：使用毛刷创建具有自然画笔外观的画笔描边。

● 艺术画笔：沿路径均匀拉伸画笔（如粗炭笔）形状或对象形状。

 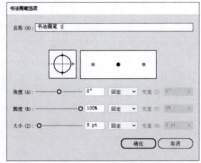

图4-15   图4-16

4.2.4　课堂实操：绘制简笔画南瓜 AIGC

实操**4-1** ／ 绘制简笔画南瓜

微课视频

📦 **实例资源** ▶ \第4章\绘制简笔画南瓜\南瓜.ai

本案例将绘制简笔画南瓜。涉及的知识点有曲率工具、图层顺序以及颜色的应用。具体操作方法如下。

Step 01 选择曲率工具，绘制闭合路径，如图4-17所示。

Step 02 添加锚点并调整形状，如图4-18所示。

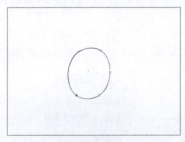 

图4-17   图4-18

Step 03 按住Alt键移动复制形状，调整图层顺序（置于底层）和形状高度，如图4-19所示。

Step 04 按住Alt键向左移动复制形状，如图4-20所示。

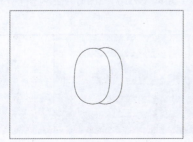 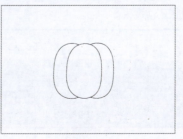

图4-19   图4-20

Step 05 按住Alt键移动复制形状，调整图层顺序（置于底层）和形状的旋转角度，如图4-21所示。

Step 06 按住Alt键向右移动复制形状，在"属性"面板中单击"水平翻转"按钮▶◀，使用直接选择工具调整部分路径后继续调整形状的旋转角度，如图4-22所示。

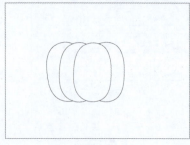 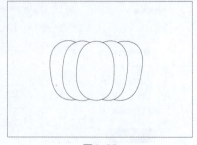

图4-21 图4-22

Step 07 选中所有路径形状，向下拉伸，如图4-23所示。

Step 08 选择曲率工具，绘制南瓜蒂的形状并将其置于底层，如图4-24所示。

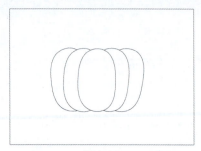 

图4-23 图4-24

Step 09 多次复制最右侧形状，置于底层后调整形状，如图4-25所示。

Step 10 将形状的填充颜色分别设置为#F39800和#006934，全选形状后编组，然后设置形状水平、垂直居中对齐，如图4-26所示。

图4-25 图4-26

Step 11 根据保存的图像，可以利用AIGC工具（如即梦AI），生成与之风格相符的背景，如图4-27所示为添加田地效果。

图4-27

4.3 绘制与调整路径

在Illustrator中，路径的绘制与调整涉及多种工具，其中铅笔工具、平滑工具、路径橡皮擦工具以及连接工具都是用于创建、优化和编辑路径的关键工具。

4.3.1 铅笔工具

使用铅笔工具可绘制任意形状和线条路径，也可以对绘制好的图形进行调整。选择铅笔工具 ✐，在画板上按住鼠标左键并拖动即可绘制路径。按住Shift键可以绘制0°、45°或90°的直线段，如图4-28所示。按住Alt键可以绘制任意角度的直线段，如图4-29所示。

图4-28

图4-29

将铅笔工具的笔尖放置在路径上想要开始编辑的位置，铅笔笔尖的小图标消失，进入编辑模式，拖动即可更改路径，如图4-30、图4-31所示。当选择两条路径时，使用铅笔工具可以连接这两条路径。

图4-30

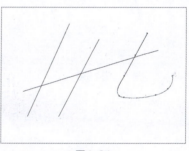
图4-31

4.3.2 平滑工具

使用平滑工具可以使图形边缘和曲线路径变得更加平滑。选择任意工具绘制路径，如图4-32所示，选择平滑工具 ✐，按住鼠标左键在需要平滑的区域拖动即可使其变得平滑，如图4-33所示。

图4-32

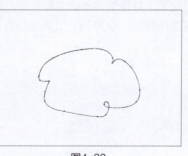
图4-33

4.3.3　路径橡皮擦工具

使用路径橡皮擦工具可以擦除路径，使路径断开。选中路径，如图4-34所示，选择路径橡皮擦工具 ✏️，按住鼠标左键在需要擦除的区域拖动即可擦除该区域的路径，如图4-35所示。

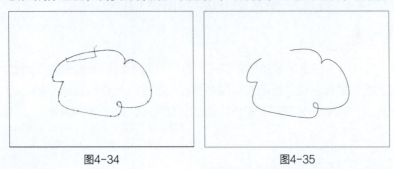

图4-34　　　　　　　　　图4-35

4.3.4　连接工具

使用连接工具可以连接相交的路径，多余的部分会被修剪掉，也可以使开放的路径闭合。选择连接工具 ✏️，在开放路径的间隙处拖动涂抹，如图4-36所示，释放鼠标即可闭合路径，如图4-37所示。

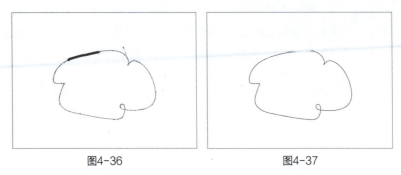

图4-36　　　　　　　　　图4-37

4.3.5　课堂实操：绘制卡通兔子 AIGC

微课视频

实操4-2　绘制卡通兔子

📁 **实例资源** ▶ \第4章\绘制卡通兔子\兔子.ai

本案例将绘制卡通兔子。涉及的知识点有铅笔工具、平滑工具、画笔工具以及钢笔工具的应用。具体操作方法如下。

Step 01　使用铅笔工具绘制兔子的大致轮廓，如图4-38所示。

Step 02　分别选择路径，使用铅笔工具进行调整，如图4-39所示。

图4-38　　　　　　　　　图4-39

Step 03 分别选择路径，使用平滑工具平滑路径，如图4-40所示。

Step 04 使用铅笔工具绘制路径，如图4-41所示。

图4-40

图4-41

Step 05 选择画笔工具，设置画笔为"Touch Calligraphic Brush"，拖动绘制眼睛，如图4-42所示。

Step 06 使用钢笔工具绘制路径并填充颜色（#F29A88），调整部分路径，最终效果如图4-43所示。

图4-42

图4-43

Step 07 根据保存的图像，可以利用AIGC工具（如即梦AI），生成与之相符的背景，如图4-44所示为添加草地、花草、小动物等效果。

图4-44

4.4 编辑路径对象

选择"对象>路径"命令，在其子菜单中可以看到多个与路径有关的命令，这些命令可以更好地帮助用户编辑路径对象。下面将对部分常用的命令进行介绍。

4.4.1 连接

"连接"命令可以连接两个锚点，从而闭合路径或将多个路径连接到一起。选中要连接的锚点，如图4-45所示，执行"对象>路径>连接"命令或按Ctrl+J组合键即可闭合路径，如图4-46所示。

图4-45　　　　　　　　　　　　　图4-46

4.4.2 平均

　　"平均"命令可以使选中的锚点排列在同一水平线或垂直线上。选中要更改的路径后执行"对象>路径>平均"命令或按Alt+Ctrl+J组合键，在弹出的"平均"对话框中进行设置，如图4-47所示，单击"确定"按钮，效果如图4-48所示。

图4-47　　　　　　　　　　　　　图4-48

4.4.3 轮廓化描边

　　"轮廓化描边"命令是一个非常实用的命令，该命令可以将路径描边转换为独立的填充对象，以便单独进行设置。选中带有描边的对象，如图4-49所示，执行"对象>路径>轮廓化描边"命令，即可将路径转换为轮廓，取消分组后的效果如图4-50所示。

图4-49　　　　　　　　　　　　　图4-50

4.4.4 偏移路径

　　"偏移路径"命令可以使路径向内或向外偏移指定距离，且原路径不会消失。选中要偏移的路径，执行"对象>路径>偏移路径"命令，在弹出的对话框中设置偏移的距离和连接方式，如图4-51所示，单击"确定"按钮即可按照设置偏移路径，如图4-52所示。

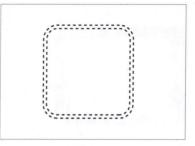

图4-51 图4-52

4.4.5 简化

"简化"命令可以通过减少路径上的锚点来减少路径细节。选中要简化的路径，如图4-53所示，执行"对象>路径>简化"命令，在画板上显示简化路径控件，最左侧为最少锚点数 ，最右侧为最大锚点数 ，如图4-54所示。

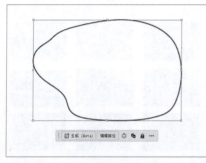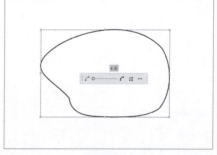

图4-53 图4-54

🔗 **知识链接**

在简化路径控件中单击 按钮可以自动进行简化，单击 ••• 按钮将显示更多选项，如图4-55所示。

该对话框中部分选项功能如下。

● 简化曲线：设置简化路径和原路径的接近程度，数值越大越接近。

● 角点角度阈值：设置角的平滑度。若角点的角度小于角度阈值，将不更改该角点。

● 转换为直线：勾选该复选框可以在对象的原始锚点间创建直线段。

● 显示原始路径：勾选该复选框将显示原始路径。

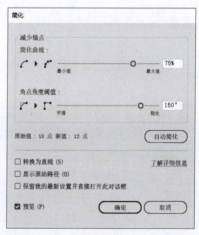

图4-55

4.4.6 分割下方对象

"分割下方对象"命令就像切刀或剪刀一样，可以使用选定的对象切穿其他对象，并丢弃原来的对象。选中图4-56所示的路径，执行"对象>路径>分割下方对象"命令，移动重叠部分即可得到分割后的新对象，如图4-57所示。

图4-56

图4-57

4.4.7 分割为网格

"分割为网格"命令可以将对象转换为矩形网格。选中路径，执行"对象>路径 >分割为网格"命令，在弹出的对话框中设置参数，如图4-58所示，单击"确定"按钮后，可对网格进行移动调整，如图4-59所示。

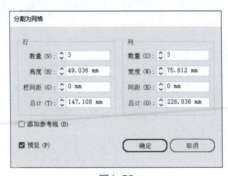

图4-58

图4-59

4.4.8 课堂实操：制作线条文字

微课视频

实操**4-3** 制作线条文字

实例资源 ▶ \第4章\制作线条文字\线条文字.ai

本案例将制作线条文字。涉及的知识点有曲率工具的使用，以及偏移路径的设置。具体操作方法如下。

Step 01 使用曲率工具绘制路径，如图4-60所示。

Step 02 在控制栏中更改描边参数，效果如图4-61所示。

图4-60

图4-61

Step 03 选择路径，执行"对象>路径>偏移路径"命令，在弹出的"偏移路径"对话框中设置参数，如图4-62所示，效果如图4-63所示。

图4-62　　　　　　　　　　　　　图4-63

Step 04 执行"偏移路径"命令两次，效果如图4-64所示。

Step 05 选择全部路径，在控制栏中更改描边颜色为渐变色，效果如图4-65所示。

图4-64　　　　　　　　　　　　　图4-65

4.5　组合路径与形状

　　复合路径适用于需要创建不可分的复杂裁剪区域的情况，而复合形状则更便于创建可编辑且基于布尔运算组合的图形元素。

4.5.1　创建复合路径

　　复合路径是由多个形状组合而成的一个整体对象，相交部分会产生镂空效果。将对象定义为复合路径后，复合路径中的所有对象都将应用堆栈顺序中最后方对象的样式。

　　使用工具绘制并选择需要组合为复合路径的形状，如图4-66所示。点击鼠标右键，在弹出的菜单中选择"建立复合路径"命令，创建出复合路径，如图4-67所示。可以对创建的复合路径进行移动、缩放、旋转等操作。

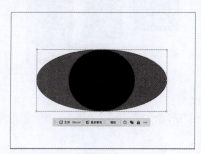
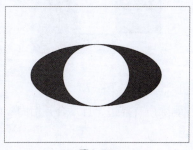

图4-66　　　　　　　　　　　　　图4-67

4.5.2 创建复合形状

可以使用路径查找器创建复合形状。使用Illustrator中的工具（如矩形工具、椭圆工具等）创建基本形状，执行"窗口>路径查找器"命令，打开"路径查找器"面板，如图4-68所示。

该面板包含一系列用于形状运算的按钮，具体功能如下。

图4-68

- 联集■：将两个或多个形状合并成一个单一的形状，并保留顶层对象的颜色，图4-69、图4-70所示为单击"联集"按钮前后的对比。

图4-69

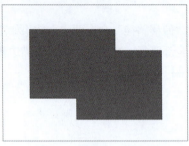

图4-70

- 减去顶层■：从底层形状中减去与顶层形状重叠的部分，如图4-71所示。
- 交集■：只保留两个或多个形状重叠的部分，其他部分将被删除，如图4-72所示。

图4-71

图4-72

- 差集■：删除两个或多个形状重叠的部分，只保留不重叠的部分，如图4-73所示。
- 分割■：将形状分割成多个部分，每个部分都是独立的，如图4-74所示。

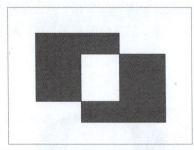

图4-73

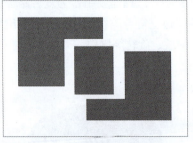

图4-74

- 修边■：删除所有描边，且不合并相同颜色的对象，图4-75、图4-76所示为单击"修边"按钮前后的对比。

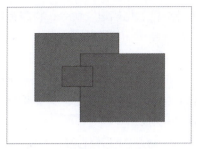

图4-75

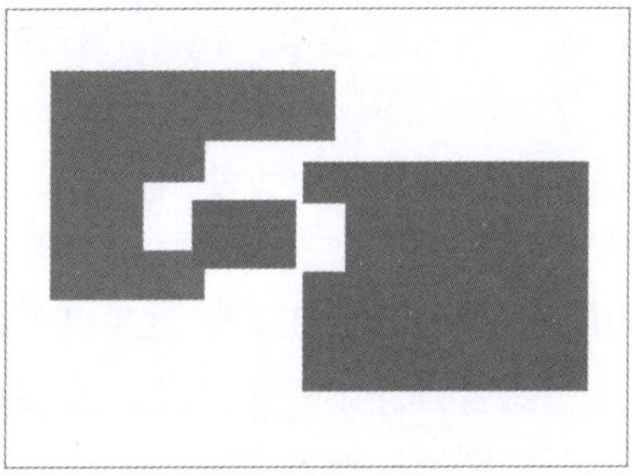

图4-76

- 合并██：删除所有描边，且合并具有相同颜色的相邻或重叠的对象，如图4-77所示。
- 裁剪▢：删除所有描边，保留顶层形状与底层形状重叠的部分，并删除顶层形状之外的部分，如图4-78所示。

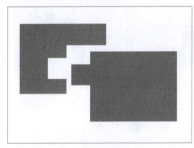

图4-77

图4-78

- 轮廓▢：将形状转换为轮廓，删除填色但保留描边，如图4-79所示。
- 减去后方对象▣：单击该按钮将从最前面的对象中减去后面的对象，如图4-80所示。

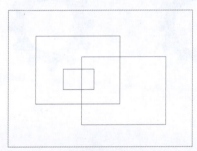

图4-79

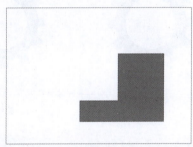

图4-80

 提示

除了"修边"和"合并"按钮，其他复合形状的效果都是基于图4-68所示的形状模式实现的。

4.5.3 课堂实操：绘制齿轮图标

实操4-4 绘制齿轮图标

微课视频

📦 **实例资源** ▶\第4章\绘制齿轮图标\齿轮.ai

本案例将绘制齿轮图标。涉及的知识点有椭圆工具、矩形工具、旋转工具以及路径查找器的应用。具体操作方法如下。

Step 01 使用椭圆工具绘制圆形，执行"对象>路径>轮廓化描边"命令，将路径转换为轮廓，如图4-81所示。

Step 02 使用矩形工具绘制矩形，使用自由变换工具将矩形调整为梯形，如图4-82所示。

Step 03 选中调整后的梯形，选择旋转工具 ，按住Alt键移动梯形旋转中心点至圆形圆心处，松开Alt键，弹出"旋转"对话框，设置角度为30°，单击"复制"按钮，效果如图4-83所示。

Step 04 按Ctrl+D组合键连续复制梯形，效果如图4-84所示。

Step 05 选中梯形和圆形，执行"窗口>路径查找器"命令，打开"路径查找器"面板，在面板中单击"联集"按钮 ，将其合并为一个整体，效果如图4-85所示。

Step 06 按住Shift键选择外部边缘路径的锚点，按住Alt键将其调整为圆角状态，效果如图4-86所示。

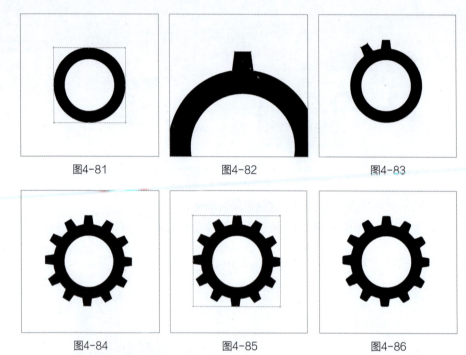

图4-81 图4-82 图4-83

图4-84 图4-85 图4-86

4.6 图形的集合

图形的集合可以使用"符号"面板来管理和应用。符号是一种可重复使用的图形元素，能够保证设计的一致性和高效性。

4.6.1 "符号"面板与符号库

符号是绘制大量重复元素必不可少的图形元素。选择"窗口>符号"命令，弹出"符号"面板，如图4-87所示。

该面板中各个按钮的含义如下。

- 符号库菜单 ：单击该按钮可选择符号库里的符号样本。
- 置入符号实例 ：选择一种符号后，单击该按钮可将选定的符号置入绘图区。

图4-87

- 断开符号链接 ：单击该按钮可取消符号样本的群组，以便对原符号样本进行修改。
- 符号选项 ▦：单击该按钮可以方便地将已应用到画面中的符号样本替换为其他的符号样本。
- 新建符号 ⊞：单击该按钮可以将选择的图形定义为符号样本。
- 删除符号 🗑：单击该按钮可删除所选的符号样本。

在"符号"面板中单击"符号库菜单"按钮 ▮▮，弹出菜单，如图4-88、图4-89所示。在菜单中任选一个命令，即可弹出相应的面板。例如，选择"原始"命令，打开图4-90所示的"原始"面板，从中选择一个符号样本并添加，如图4-91所示。

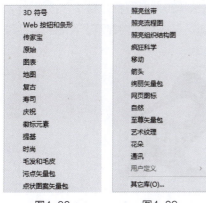

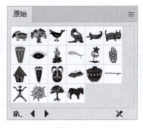

| 图4-88 | 图4-89 | 图4-90 | 图4-91 |

4.6.2 符号的创建与编辑

在文件中可以通过"符号"面板直接添加符号对象。若要大量地添加多个符号对象，可以使用符号喷枪工具。在工具栏中双击符号喷枪工具 🗺，弹出"符号工具选项"对话框，如图4-92所示。

该对话框中常用选项的功能如下。

- 直径：设置画笔的直径，即选取符号工具后鼠标指针的形状大小。
- 强度：设置拖动鼠标时符号图形变化的速度，数值越大，符号图形变化得越快。
- 符号组密度：设置符号集合中包含符号图形的密度，数值越大，符号集合包含的符号图形数量越多。
- 紧缩：预设为基于原始符号大小。
- 大小：预设为使用原始符号大小。
- 旋转：预设为使用鼠标移动方向（若鼠标不移动则没有方向）
- 滤色：预设为使用100%的不透明度。
- 染色：预设为使用当前填充颜色和完整色调量。
- 样式：预设为使用当前样式。
- 显示画笔大小和强度：勾选该复选框后，在使用符号工具时可以看到画笔；不勾选时则隐藏画笔。

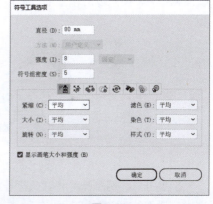

图4-92

在"符号"面板中选择一个符号样本，使用符号喷枪工具在画板上任意位置单击或者拖动，如图4-93所示，释放鼠标即可创建新的符号，如图4-94所示。

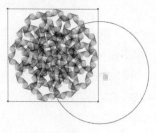

图4-93 　　　　　　　　　　　　图4-94

　　如果要对某个符号实例进行个性化的编辑，而不影响其他所有实例，就需要断开链接。选择置入的符号，如图4-95所示，在控制栏或者"符号"面板底部单击"断开符号链接"按钮 ，符号实例成为一个独立的、非关联的对象，可以进行自由编辑，修改后的内容不会反映到其他符号实例，如图4-96所示。

图4-95 　　　　　　　　　　　　图4-96

　　断开的符号处于编组状态，在上下文任务栏中单击"取消编组"按钮，效果如图4-97所示。取消编组后，便可以对该图形进行移动、旋转、描边以及变形等操作，如图4-98所示。

图4-97 　　　　　　　　　　　　图4-98

　　扩展符号实例意味着将其从符号状态转换为普通的矢量图形对象集合，可以对每一个组成元素进行详细的路径编辑。扩展后，原有的符号实例不再受符号定义的影响，也无法自动跟随符号基础的更新变化。选中符号对象，执行"对象>扩展"命令，在弹出的"扩展"对话框中勾选扩展的内容，如图4-99所示，单击"确定"按钮完成操作，扩展后的符号对象变为可编辑的图形对象，如图4-100所示。

图4-99 　　　　　　　　　　　　图4-100

断开符号链接是为了让符号实例脱离原始符号的控制，以便对其进行独立的编辑而不影响其他实例；扩展则是将符号实例彻底转变为普通图形，从而允许对其进行路径级别的详细编辑，同时彻底断开其与原始符号之间的联系。

4.6.3 符号效果的调整

选择符号工具组中的其他工具可以对符号对象的位置、大小、不透明度、方向、颜色以及样式等属性进行调整。

1. 移动符号

使用符号移位器工具可更改符号组中符号实例的位置。使用符号喷枪工具创建符号对象，如图4-101所示。选择符号移位器工具 🎨，在符号上按住鼠标左键并拖动即可调整其位置，如图4-102所示。

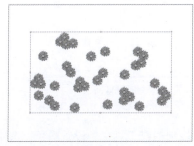

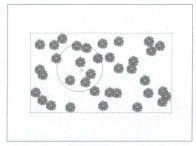

图4-101　　　　　　　　　　　　　图4-102

2. 调整符号间距

使用符号紧缩器工具可调整符号分布的间距。选中符号对象，选择符号紧缩器工具 🎨，在符号上按住鼠标左键并拖动即可使部分符号间距缩小，如图4-103所示；按住Alt键的同时按住鼠标左键并拖动，即可使部分符号间距增大，如图4-104所示。

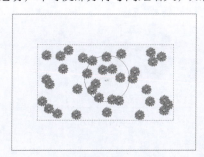

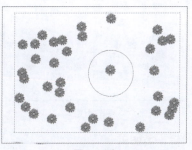

图4-103　　　　　　　　　　　　　图4-104

3. 调整符号大小

使用符号缩放器工具可调整符号大小。选中符号对象，选择符号缩放器工具 🎨，在符号上单击或按住鼠标左键并拖动，即可使部分符号增大，如4-105所示；按住Alt键的同时按住鼠标左键并拖动，即可使部分符号变小，如图4-106所示。

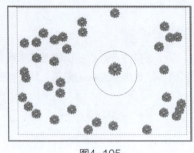
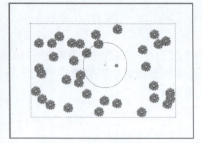

图4-105　　　　　　　　　　　　　图4-106

4. 旋转符号

使用符号旋转器工具可旋转符号。选中符号对象，选择符号旋转器工具，在符号上单击或按住鼠标左键并拖动即可旋转符号，如图4-107、图4-108所示。

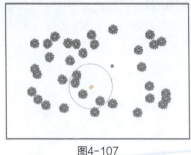
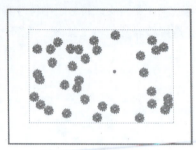

图4-107　　　　　　　　　　　　　图4-108

5. 调整符号颜色

使用符号着色器工具可调整符号的颜色。在控制栏或工具栏中设置颜色，选中符号对象，选择符号着色器工具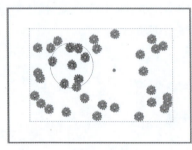，在符号上单击或按住鼠标左键并拖动即可调整符号颜色，涂抹次数越多，上色量也越多，如图4-109所示。按住Alt键单击或拖动可以减少着色量并显示更多原始符号颜色，如图4-110所示。

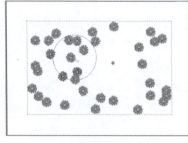

图4-109　　　　　　　　　　　　　图4-110

6. 调整符号不透明度

使用符号滤色器工具可调整符号的不透明度。选中符号对象，选择符号滤色器工具，在符号上单击或按住鼠标左键并拖动，即可实现半透明效果，涂抹次数越多，符号越透明，如图4-111所示；按住Alt键的同时按住鼠标左键并拖动，即可使其变得不透明，如图4-112所示。

7. 添加符号样式

使用符号样式器工具配合"图形样式"面板可在符号上添加或删除图形样式。选中符号，选择符号样式器工具，执行"窗口>图形样式"命令，弹出"图形样式"面板，在面板中选择"柔化斜面"图形样式，在符号上单击或按住鼠标左键并拖动，即可在原始符号的基础上添加图形样式，如图4-113所示；按住Alt键的同时按住鼠标左键并拖动，可将添加的图形样式清除，如图4-114所示。

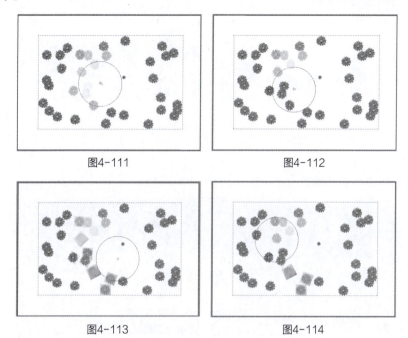

图4-111　　　　　　　　　　　图4-112

图4-113　　　　　　　　　　　图4-114

4.6.4　课堂实操：使用符号制作背景 AIGC

微课视频

实操4-5　使用符号制作背景

实例资源 ▶ \第4章\使用符号制作背景\背景.ai

本案例将使用符号工具制作背景。涉及的知识点有符号库、"符号"面板、符号喷枪工具、符号滤色器工具的使用，以及剪切蒙版的创建。具体操作方法如下。

Step 01　在符号库中找到"污点矢量包"，将"污点矢量包 15"添加至"符号"面板中，如图4-115所示。

Step 02　选择符号喷枪工具，在画板上任意位置按住鼠标左键并拖动即可创建符号，如图4-116所示。

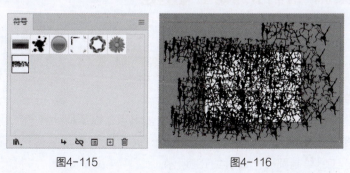

图4-115　　　　　　　　　　　图4-116

Step 03　选择矩形工具，绘制一个和画板等大的矩形，如图4-117所示。

Step 04　按Ctrl+A组合键全选画板中的图形，单击鼠标右键，在弹出的菜单中选择"建立剪切蒙版"命令，效果如图4-118所示。

图4-117　　　　　　　　　　　　图4-118

Step 05 双击进入隔离模式，选择符号组，使用符号滤色器工具调整符号的不透明度，效果如图4-119所示。

Step 06 按Esc键退出隔离模式，最终效果如图4-120所示。

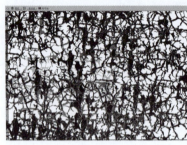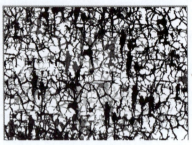

图4-119　　　　　　　　　　　　图4-120

Step 07 根据保存的图像，可以利用AIGC工具（如即梦AI），生成与之风格类似的图形效果，如图4-121所示。

图4-121

4.7　实战演练：绘制卡通螃蟹 AIGC

微课视频

实操4-6 绘制卡通螃蟹

实例资源 ▶ \第4章\绘制卡通螃蟹\螃蟹.ai

　　本实战演练将绘制卡通螃蟹，综合练习本章的知识点，以帮助读者熟练掌握和巩固曲率工具、画笔工具、直接选择工具、椭圆工具的使用。下面将进行操作思路的介绍。

Step 01 使用曲率工具绘制圆形，如图4-122所示。

Step 02 设置描边画笔为"5点椭圆形"，效果如图4-123所示。

Step 03 使用曲率工具绘制形状，如图4-124所示。

Step 04 按住Alt键移动复制形状，水平翻转后调整位置，如图4-125所示。

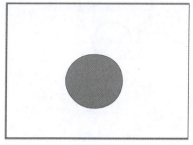

图4-122　　　　　　　　　　　图4-123

图4-124

图4-125

Step 05 选择画笔工具，设置描边粗细为2pt，绘制4条路径后将它们置于底层，如图4-126所示。

Step 06 使用曲率工具绘制形状并调整图层顺序，如图4-127所示。

图4-126

图4-127

Step 07 按住Alt键移动复制新绘制的形状，水平翻转后调整位置，如图4-128所示。

Step 08 使用曲率工具绘制椭圆形，如图4-129所示。

图4-128

图4-129

Step 09 双击进入隔离模式，复制椭圆形，创建参考线，使用添加锚点工具添加锚点，如图4-130所示。

Step 10 使用直接选择工具删除参考线下方的路径，更改填充颜色为白色，调整其位置，使其与另一个椭圆形顶对齐、水平居中对齐，如图4-131所示。

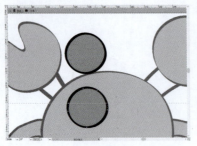

图4-130　　　　　　　　　　　　　图4-131

Step 11　使用椭圆工具绘制大小不同的椭圆形，选中两个椭圆形后单击"减去顶层"按钮 🖿，调整形状位置，按Esc键退出隔离模式，效果如图4-132所示。

Step 12　按住Alt键移动复制眼睛部分的图形，效果如图4-133所示。

Step 13　使用椭圆工具绘制椭圆形，使用矩形工具绘制矩形，效果如图4-134所示。

Step 14　选中新绘制的椭圆形和矩形后，单击"减去顶层"按钮 🖿，调整它们的显示位置和填充颜色（#FFF0F0），效果如图4-135所示。

图4-132　　　　　　　　　　　　　图4-133

图4-134　　　　　　　　　　　　　图4-135

Step 15　根据保存的图像，可以利用AIGC工具（如即梦AI），生成与之相符的背景，如图4-136所示为添加海洋元素效果。

图4-136

4.8 拓展练习

下面将练习使用矩形工具、"符号"面板、符号喷枪工具、文字工具制作宣传海报，效果如图4-137所示。

实操*4-7*/ 制作宣传海报

📦 **实例资源** ▶ \第4章\制作宣传海报\宣传海报.ai

图4-137

技术要点：

- 符号的创建与编辑；
- 文字工具、矩形工具的使用，以及颜色的填充。

分步演示：

①创建和文件等大的矩形并填充颜色；

②应用"点状图案矢量包 12"符号，断开链接后更改颜色、不透明度以及大小；

③应用"Tiki 棚屋"符号并调整大小；

④添加白色矩形、文字以及"电视"符号。

分步演示效果如图4-138所示。

①   ②   ③   ④

图4-138

填色：多样式
色彩填充

本章将对图形对象的填色、描边进行讲解，包括填色与描边、渐变填充、网格填充以及实时上色。读者了解并掌握这些基础知识可以更好地控制和操作图形对象，实现更丰富和更精细的视觉效果。

- 掌握填色与描边。
- 掌握渐变填充。
- 掌握网格填充。
- 掌握"实时上色"组的创建与编辑。

- 培养对色彩的敏感度和运用能力，能够准确地把握色彩搭配和过渡，创造出具有吸引力的视觉效果。
- 运用网格填充和实时上色等技能，提升对图形轮廓和层次感的把握，能够塑造出更具个性和创意的图形作品。

制作循环渐变效果

制作双色渐变球图形

为图像填充颜色

5.1 填色与描边

在Illustrator中，填色与描边是非常基础且重要的设计元素，它们分别用来改变矢量图形内部区域的颜色与边缘轮廓的样式和颜色。

5.1.1 "填色和描边"工具组

使用"填色和描边"工具组可以在对象中填充颜色、图案或渐变。工具栏底部显示了"填色和描边"工具组，如图5-1所示。

图5-1

- 填色☐：双击该按钮可以在弹出的拾色器中选取填充颜色。
- 描边☐：双击该按钮可以在弹出的拾色器中选取描边颜色。
- 互换填色和描边 ↰：单击该按钮可以互换填充颜色和描边颜色。
- 默认填色和描边 ⌸：单击该按钮可以恢复默认颜色设置（白色填充和黑色描边）。
- 颜色■：单击该按钮可以将上次选择的纯色应用于具有渐变填充或者没有描边或填充的对象。
- 渐变▨：单击该按钮可将当前选定的填充颜色更改为上次选择的渐变色，默认为黑白渐变。
- 无☑：单击此按钮可以删除选定对象的填充颜色或描边。

5.1.2 吸管工具

吸管工具不仅可以拾取颜色，还可以拾取对象的属性，并将其赋予其他矢量对象。矢量图形的描边样式、填充颜色，文字对象的字符属性、段落属性以及位图中的某种颜色都可以通过吸管工具来"复制"。在工具栏中双击吸管工具 ✐，在弹出的"吸管选项"对话框中可设置吸取与应用的内容，如图5-2所示。

选择需要被赋予属性的图形，如图5-3所示，选择吸管工具 ✐，单击目标对象即可为图形添加与之相同的属性，如图5-4所示。

图5-2

图5-3

图5-4

若在吸取的时候按住Shift键，则只复制颜色，不复制其他样式属性，如图5-5所示。若"填色和描边"工具组中的"描边"按钮在"填色"按钮之上，按住Shift键只复制描边颜色。按住Alt键则为目标对象应用图形的属性，如图5-6所示。

图5-5

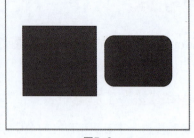
图5-6

5.1.3 "颜色"面板

使用"颜色"面板可以为对象填充单色或设置单色描边。执行"窗口>颜色"命令，打开"颜色"面板，如图5-7所示。单击 ☰ 按钮，在弹出的菜单中可更改颜色模式，如图5-8所示。

选择图形对象，在色谱中拾取填充颜色。复制图形对象后单击"互换填色和描边颜色"按钮 ↰ 可互换填充颜色和描边颜色，如图5-9、图5-10所示。

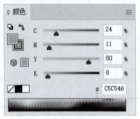
图5-7

图5-8

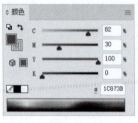
图5-9

图5-10

知识链接

按住Shift键拖动颜色滑块将移动与之关联的其他滑块（除HSB滑块外），从而保留类似的颜色，但色调或亮度不同。

5.1.4 "色板"面板

使用"色板"面板可以为对象的填色和描边添加颜色、渐变或图案。执行"窗口>色板"命令，打开"色板"面板，如图5-11所示。单击 ☰ 按钮可显示列表视图，如图5-12所示。

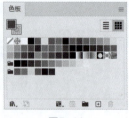
图5-11

图5-12

该面板中部分常用按钮的功能如下。

● "色板库"菜单 ▥.：色板库中包括Illustrator中预设的所有颜色。单击该按钮，在弹出的菜单中可选择预设色板库，如图5-13所示。例如，选择"自然>季节"命令将弹出"季节"面板，如图5-14所示。

- 显示"色板类型"菜单█：单击该按钮，在弹出的菜单中选择命令，可以使"色板"面板中仅显示相应类型的色板。
- 色板选项█：单击该按钮，在弹出的对话框中可以设置色板名称、颜色类型、颜色模式等参数。
- 新建颜色组█：选择一个或多个色板后单击该按钮，可将这些色板存储在一个颜色组中。
- 新建色板█：选中对象，单击该按钮，在弹出的对话框中可以设置色板名称、颜色类型、颜色模式等参数，如图5-15所示。要注意的是，选择带有颜色、渐变或图案的不同对象时，单击该按钮打开的"新建色板"对话框会有所不同。
- 删除色板█：单击该按钮将删除选中的色板。

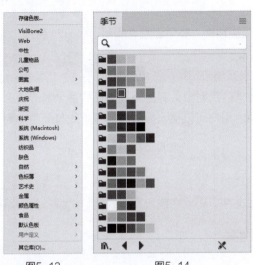

| 图5-13 | 图5-14 | 图5-15 |

5.1.5 "图案"色板

"图案"色板是一种预设资源，允许用户创建和存储自定义图案，并将其填充到任何形状或对象上。"图案"色板可以包含重复的几何形状、纹理、线条以及其他任意图形元素。这些元素可以按照指定的方式进行排列和重复，形成统一且可无限扩展的图案。使用"色板"面板或执行"窗口>色板库>图案"命令可打开"图案"色板，有基本图形、自然和装饰三大类预设图案，如图5-16所示。

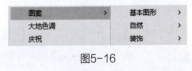

图5-16

以自然图案为例进行讲解。

选中图形对象后，单击"'色板库'菜单"按钮，在弹出的菜单中执行"图案>自然>自然_叶子"命令，弹出"自然_叶子"面板，如图5-17所示，图5-18所示为填充"秋叶"图案的效果。

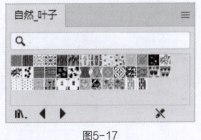

图5-17

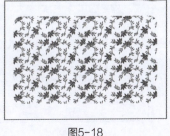

图5-18

5.1.6 "描边"面板

"描边"面板可以精准地调整图形、文字等对象描边的粗细、颜色、样式等属性。选中对象后在控制栏中单击"描边"按钮 描边:，可在弹出的"描边"面板中设置描边参数。或者执行"窗口>描边"命令，打开"描边"面板，如图5-19所示。

"描边"面板中部分常用参数的介绍如下。

- 粗细：用于设置选中对象的描边粗细。
- 端点：用于设置端点样式，包括平头端点 ▣、圆头端点 ▣ 和方头端点 ▣3种。
- 边角：用于设置拐角样式，包括斜接连接 ▣、圆角连接 ▣ 和斜角连接 ▣3种。

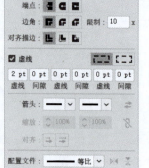

图5-19

- 限制：用于控制程序在何种情形下由斜接连接切换成斜角连接。
- 对齐描边：用于设置描边路径对齐样式。当对象为封闭路径时可激活全部选项。
- 虚线：勾选该复选框将激活虚线选项。用户可以输入数值以设置虚线与间距的大小。
- 箭头：用于添加箭头。
- 缩放：用于调整箭头大小。
- 对齐：用于设置箭头与路径的对齐方式。
- 配置文件：用于选择预设的宽度配置文件，以改变线段宽度，制作造型各异的路径效果。

5.1.7 课堂实操：制作并应用纹理图案

实操5-1 | 制作并应用纹理图案

微课视频

实例资源 ▶ \第5章\制作并应用纹理图案\纹理.ai

本案例将制作并应用纹理图案。涉及的知识点有矩形工具、路径命令的使用，图案建立以及图案应用。具体操作方法如下。

Step 01 选择矩形工具，按住Shift键绘制正方形，如图5-20所示。

Step 02 执行"对象>路径>分割为网格"命令，在弹出的"分割为网格"对话框中设置行数与列数，如图5-21所示。

网格分割效果如图5-22所示。

Step 03 执行"效果>扭曲和变换>收缩和膨胀"命令，在弹出的"收缩和膨胀"对话框中进行设置，如图5-23所示。膨胀效果如图5-24所示。

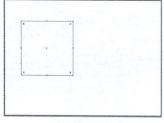

图5-20

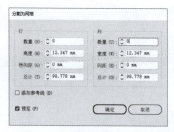

图5-21

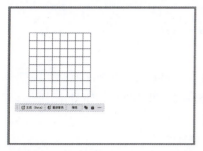
图5-22

图5-23

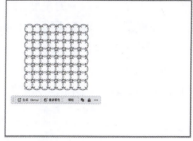
图5-24

Step 04 执行"对象>图案>建立"命令，在弹出的"图案选项"对话框中设置名称，如图5-25所示。

Step 05 单击"完成"按钮，效果如图5-26所示。

Step 06 选择椭圆工具，按住Shift键绘制圆形，更改填充为"膨胀网格52"，效果如图5-27所示。

图5-25

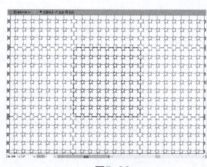
图5-26

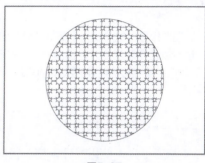
图5-27

5.2 渐变填充

渐变填充可以为图形或文字添加从一种颜色到另一种颜色的平滑过渡效果。在Illustrator中，创建渐变效果有两种方法：一种是使用工具栏中的渐变工具，另一种是使用"渐变"面板。

5.2.1 "渐变"面板

使用"渐变"面板可以精确地控制渐变颜色的属性。选择图形对象后，执行"窗口>渐变"命令，打开"渐变"面板，在该面板中选择任意一个渐变类型激活渐变，如图5-28所示。

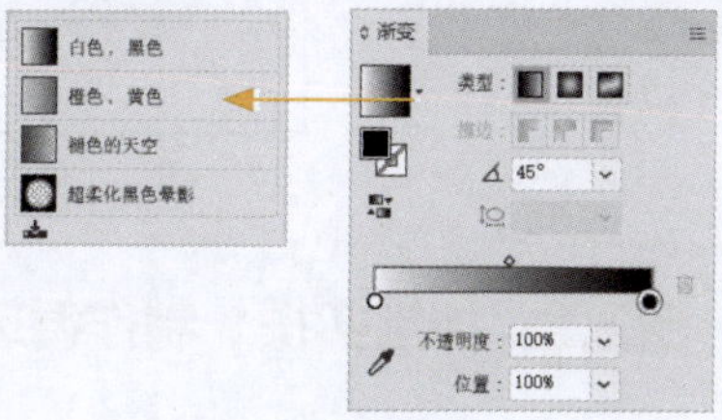

此面板中常用按钮和选项的含义如下。

• 预设渐变 ▼ ：单击此按钮显示预设渐变下拉列表。单击下拉列表底部的"添加到色板"按钮 可将当前的渐变设置存储到色板中。

图5-28

• 类型：用于设置渐变的类型，包括"线性渐变" 、"径向渐变" 和"任意形状渐变" 3种，图5-29所示分别为3种渐变类型的效果。

• 描边：用于设置描边渐变的样式。该区域的按钮仅在为描边添加渐变时激活。

图5-29

- 角度：设置渐变的角度
- 长宽比：当渐变类型为"径向渐变"时激活，可更改渐变长宽比。
- 反向渐变 ：单击此按钮可使当前渐变的方向水平反转。
- 渐变滑块 ：双击该按钮，在弹出的面板中可设置该渐变滑块的颜色，如图5-30所示。在Illustrator中，默认有两个渐变滑块。若想添加渐变滑块，在渐变滑块之间单击即可，如图5-31所示。

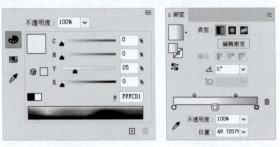

图5-30　　　　　　　　　图5-31

 知识链接

利用"任意形状渐变"可在某个形状内使色标对应的颜色形成逐渐过渡的混合效果，可以是有序混合，也可以是随意混合，以便混合效果看起来平滑、自然。使用"点"模式可在色标周围添加阴影。使用"线条"模式可在线条周围添加阴影。

5.2.2　渐变工具

渐变工具可使用线性渐变、径向渐变或任意形状渐变在颜色之间创建渐变混合效果。选中要填充渐变的对象，选择渐变工具 即可在该对象上方看到渐变批注者，渐变批注者是一个滑块，该滑块会显示起点、终点、中点以及起点和终点对应的色标，如图5-32所示。可以使用渐变批注者修改线性渐变的角度、位置和范围，以及修改径向渐变的焦点、原点和扩展效果，如图5-33所示。

 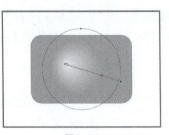

图5-32　　　　　　　　　图5-33

5.2.3　课堂实操：制作循环渐变效果 AIGC

实操5-2 / 制作循环渐变效果

微课视频

实例资源 ▶ \第5章\制作循环渐变效果\循环.ai

本案例将制作循环渐变效果。涉及的知识点有矩形工具、椭圆工具、"填色和描边"工具组的设置与应用。具体操作方法如下。

Step 01 选择矩形工具，绘制矩形并填充颜色（#E3FAFC），按Ctrl+2组合键锁定图层，效果如图5-34所示。

Step 02 选择矩形工具，在左上角绘制矩形并填充颜色（#339EA3），如图5-35所示。

图5-34　　　　　　　　　　　　图5-35

Step 03 按住Alt键移动复制左上角的矩形，更改填充颜色（#97D6DD），如图5-36所示。

Step 04 选择椭圆工具，按住Shift键绘制圆形，如图5-37所示。

图5-36　　　　　　　　　　　　图5-37

Step 05 在工具栏中单击"互换填色和描边" 按钮，在控制栏中设置描边粗细为100pt，效果如图5-38所示。

Step 06 按住Shift键调整圆环大小，使中间空白部分不见为止，如图5-39所示。

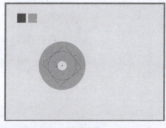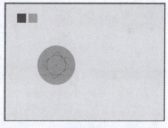

图5-38　　　　　　　　　　　　图5-39

Step 07 执行"窗口>渐变"命令，在弹出的"渐变"面板中单击"描边"按钮，设置渐变类型和描边类型，如图5-40所示。

Step 08 旋转渐变角度为30°，效果如图5-41所示。

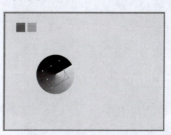

图5-40　　　　　　　　　　　图5-41

Step 09 在"渐变"面板中分别选择渐变滑块，单击"拾色器"按钮  拾取颜色，如图5-42所示，效果如图5-43所示。

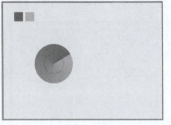

图5-42　　　　　　　　　　　图5-43

Step 10 按住Alt键移动复制圆形，如图5-44所示。

Step 11 调整复制的圆形的渐变角度，使其渐变批注者与另一个圆形相切，如图5-45所示。

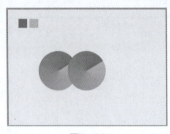

图5-44　　　　　　　　　　　图5-45

Step 12 分别选择圆形，在"渐变"面板中调整渐变滑块，使颜色过渡得更加自然。图5-46、图5-47所示分别为左、右侧圆形的渐变参数。最终效果如图5-48所示。

图5-46　　　　　　图5-47　　　　　　图5-48

Step 13 根据保存的图像，可以利用AIGC工具（如即梦AI），二次创作图像，如图5-49所示为3D立体化图像效果。

图5-49

5.3 网格填充

网格工具主要用于在图形上创建网格，网格点上的颜色可以沿不同方向顺畅分布且从一点平滑过渡到另一点。移动和编辑网格线上的点，可以更改颜色的变化强度，或者更改对象上的着色范围。

5.3.1 创建网格对象

网格对象是一种多色对象，其上的颜色可以沿不同方向顺畅分布且从一点平滑过渡到另一点。选中图形对象，选择网格工具 ，当鼠标指针变为 形状时，在图形中单击即可增加网格点，如图5-50所示。

网格结构如下。

• 网格线：将图形建立为网格对象后，图形中增加了由网格线形成的网格，继续在图形中单击可以增加新的网格。

• 网格面片：任意4个网格点之间的区域称为网格面片。可以用更改网格点颜色的方法来更改网格面片的颜色。

图5-50

• 网格点：两网格线相交处的特殊锚点。网格点以菱形显示，且具有锚点的所有属性，只是增加了接收颜色的功能。可以添加和删除网格点、编辑网格点，或更改与每个网格点相关联的颜色。

> **知识链接**
>
> 可以基于矢量对象（复合路径和文本对象除外）来创建网格对象。无法通过链接的图形来创建网格对象。

5.3.2 更改网格对象的颜色

添加网格点后，网格点处于选中状态，可以通过"颜色"面板、"色板"面板或拾色器填充颜色。选择网格点，在工具栏中双击"填色"按钮，在弹出的"拾色器"对话框中设置颜色，如图5-51所示。应用效果如图5-52所示。在"透明度"面板或控制栏中可以调整不透明度。

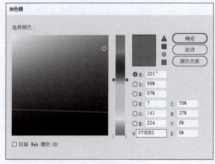

图5-51

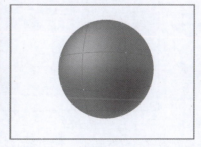

图5-52

5.3.3 调整网格对象的显示状态

若要调整网格对象中某部分颜色所处的位置，可以调整网格点的位置。使用网格工具选中网格点，将其拖动到目标位置，如图5-53所示。释放鼠标调整显示状态，如图5-54所示。

图5-53　　　　　　　　　　　　　图5-54

5.3.4　课堂实操：制作双色渐变球图形

实操5-3　制作双色渐变球图形

微课视频

📦 **实例资源** ▶ \第5章\制作双色渐变球图形\球.ai

　　本案例将制作双色渐变球图形。涉及的知识点有椭圆工具、矩形工具、吸管工具以及网格工具的应用。具体操作方法如下。

Step 01 选择椭圆工具，按住Shift键绘制圆形，填充白色，如图5-55所示。

Step 02 使用矩形工具在右上角绘制两个矩形，分别填充颜色（#ABD274、#8FCEBB），如5-56所示。

图5-55　　　　　　　　　　　　　图5-56

Step 03 选择网格工具，单击以添加网格点，如图5-57所示。

Step 04 使用网格工具选择网格点，使用吸管工具吸取右上角第一个矩形的颜色进行填充，如图5-58所示。

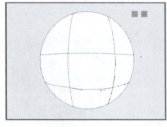
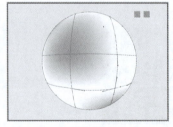

图5-57　　　　　　　　　　　　　图5-58

Step 05 选择网格点，填充另外一个矩形的颜色，如图5-59所示。

Step 06 使用网格工具拖动调整网格点，如图5-60所示。

Step 07 在网格线或者网格面片中添加网格点，拖动以调整其显示位置，如图5-61所示。

Step 08 隐藏右上角的矩形，调整圆形大小后按住Alt键进行移动复制，如图5-62所示。

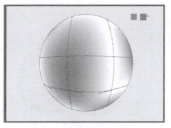

图5-59

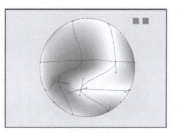

图5-60

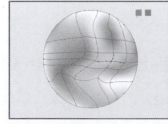

图5-61

图5-62

Step 09 选择右侧圆形，单击控制栏上的"重新着色图稿"按钮 ，在弹出的面板中调整颜色，调整前后的颜色如图5-63、图5-64所示。应用效果如图5-65所示。

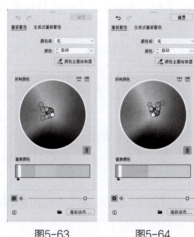

图5-63   图5-64   图5-65

5.4 实时上色

实时上色是一种智能填充方式。可以使用不同颜色为每个路径段描边，并使用不同的颜色、图案或渐变填充每个路径段。

5.4.1 创建"实时上色"组

若要对对象进行着色，并且对象的边缘或交叉线需要使用不同的颜色，可以创建"实时上色"组。选中要进行实时上色的对象，可以是普通路径也可以是复合路径，按Ctrl+Alt+X组合键或选择实时上色工具 ，单击以建立"实时上色"组，如图5-66所示，一旦建立了"实时上色"组，每条路径都会保持完全可编辑的状态，可在控制栏或工具栏中设置前景色，单击进行填充，如图5-67所示。

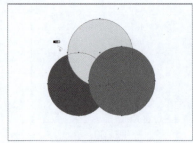

图5-66 图5-67

🔗 **知识链接**

对于不能直接转换为"实时上色"组的对象，可以执行以下命令后将生成的路径转换为"实时上色"组。

- 文字对象：执行"文字>创建轮廓"命令。
- 位图图像：执行"对象>图像描摹>建立并扩展"命令。
- 其他对象：执行"对象>扩展"命令。

5.4.2 实时上色选择工具

"实时上色"组中可以上色的部分称为边缘和表面。边缘是一条路径与其他路径交叉后处于交点之间的路径。表面是一条边缘或多条边缘所围成的区域。若要对"实时上色"组中的表面和边缘进行更改，可以选择实时上色选择工具 ，然后执行以下操作。

- 选择单个表面和边缘：单击该表面和边缘。
- 选择多个表面和边缘：在待选的内容周围拖动以创建选框，部分选择的内容将被包括；按住Shift键可以加选。
- 选择没有被上色边缘分隔开的所有连续表面：双击某个表面。
- 选择具有相同填色或描边的表面或边缘：三击，或单击一次，执行"选择>相同"子菜单中的命令（填充颜色、描边颜色、描边粗细等）。

图5-68中选择了多个表面和边缘，在控制栏中可以更改填充参数后的效果如图5-69所示。

图5-68 图5-69

🔗 **知识链接**

双击实时上色工具，在弹出的对话框中可以设置填充上色、描边上色、光标色板预览以及突出显示的颜色和宽度，如图5-70所示；双击实时上色选择工具，在弹出的对话框中可以设置选择填充、选择描边以及突出显示的颜色和宽度，如图5-71所示。

图5-70

图5-71

5.4.3　释放/扩展"实时上色"组

选中"实时上色"组，执行"对象>实时上色>释放"命令，可将"实时上色"组变为具有描边宽为0.5pt的黑色普通路径，如图5-72所示；执行"对象>实时上色>扩展"命令，可将"实时上色"组拆分为单独的色块和描边路径，视觉效果与"实时上色"组一致，使用编组选择工具可分别选择或更改对象，如图5-73所示。

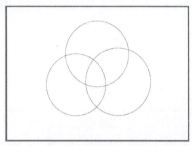
图5-72

图5-73

5.4.4　课堂实操：为图像填充颜色 AIGC

微课视频

实操5-4　为图像填充颜色

📦 **实例资源 ▶** \第5章\为图像填充颜色\绿植.ai

本案例将为图像填充颜色以帮助读者熟练掌握和巩固实时上色工具的使用。下面将进行操作思路的介绍。

Step 01 打开素材图像，如图5-74所示。

Step 02 选中所有路径，选择工具栏中的实时上色工具 🔧，在图像上单击以创建"实时上色"组，如图5-75所示。

图5-74

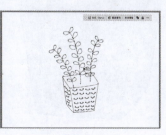
图5-75

在工具栏中双击"填色"，在拾色器中选择颜色#59AB35，使用实时上色工具为左侧叶子填充颜色，如图5-76所示。

Step 04 设置填色为#93C169，使用实时上色工具为中间的叶子填充颜色，如图5-77所示。

图5-76   图5-77

Step 05 设置填色为#76BA8D，使用实时上色工具为右侧的叶子填充颜色，如图5-78所示。

Step 06 设置填色为#CB802A，使用实时上色工具为中间的土壤部分填充颜色，如图5-79所示。

图5-78   图5-79

Step 07 设置填色为#8BC8E8，使用实时上色工具为花盆填充颜色，如图5-80所示。

Step 08 双击进入隔离模式，选择图5-81所示的路径。

 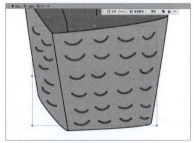

图5-80   图5-81

Step 09 在工具栏中单击"互换填色和描边"按钮，效果如图5-82所示。

Step 10 按Esc键退出隔离模式，最终效果如图5-83所示。

图5-82   图5-83

Step 11 根据保存的图像，可以利用AIGC工具（如即梦AI），生成与之相符的背景，如图5-84所示为添加花卉元素效果。

图5-84

5.5 实战演练：制作服装吊牌

微课视频

实操5-5 / 制作服装吊牌

📦 **实例资源** ▸ \第5章\制作服装吊牌\吊牌.ai和条形码.png

本实战演练将制作服装吊牌，综合练习本章的知识点，以帮助读者熟练掌握和巩固椭圆工具、矩形工具、文字工具的使用以及描边渐变的设置。下面将进行操作思路的介绍。

Step 01 选择椭圆工具，绘制不同大小的椭圆形，全选后编组，如图5-85所示。

Step 02 按住Alt键移动复制椭圆形组，在"属性"面板中单击"垂直翻转"按钮💥，效果如图5-86所示。

图5-85

图5-86

Step 03 使用矩形工具绘制矩形，调整圆角半径，如图5-87所示。

Step 04 按Ctrl+A组合键全选图形，在"属性"面板中单击"联集"按钮▣，效果如图5-88所示。

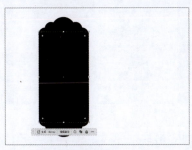

图5-87

图5-88

Step 05 选择椭圆工具，按住Shift键绘制圆形，按Ctrl+A组合键全选图形，在"属性"面板中单击"差集"按钮▣，效果如图5-89所示。

Step 06 在"渐变"面板中设置渐变颜色（#F0D5C6、#DFE8F3），设置角度为-60°，如图5-90所示。效果如图5-91所示。

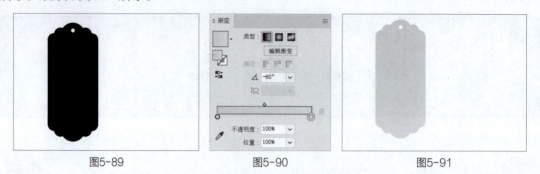

图5-89　　　　　　　　　图5-90　　　　　　　　　图5-91

Step 07 按Ctrl+C组合键复制，按Ctrl+F组合键原位粘贴，在控制栏中设置填色为"无"，单击"描边" 描边：，在弹出的面板中设置描边参数，如图5-92所示。

Step 08 执行"对象>路径>偏移路径"命令，在弹出的"偏移路径"对话框中设置参数，如图5-93所示。

Step 09 删除多余的路径，如图5-94所示。

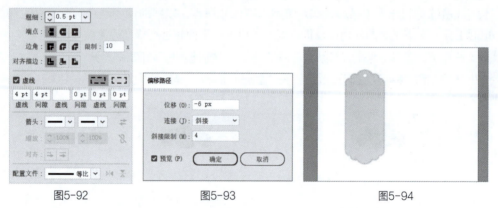

图5-92　　　　　　　　　图5-93　　　　　　　　　图5-94

Step 10 使用钢笔工具绘制路径，描边为黑色、2pt，如图5-95所示。

Step 11 使用钢笔工具绘制路径，设置画笔为"3点椭圆形"，描边为#EA5514、1pt，效果如图5-96所示。

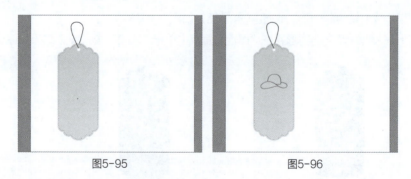

图5-95　　　　　　　　　图5-96

Step 12 使用文字工具输入文字并设置参数，如图5-97所示。

Step 13 按住Alt键移动复制吊牌，删除部分元素，如图5-98所示。

Step 14 使用文字工具在复制的吊牌上输入文字并设置参数，使用矩形工具绘制矩形并调整图层顺序，效果如图5-99所示。

Step 15 置入素材并调整大小，最终效果如图5-100所示。

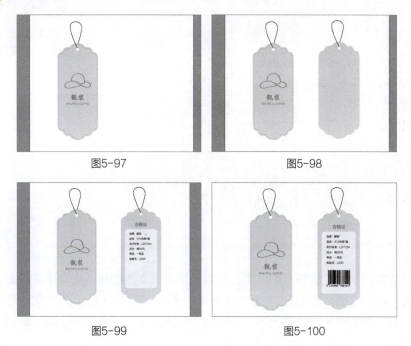

图5-97

图5-98

图5-99

图5-100

5.6 拓展练习

下面将练习使用矩形工具、网格工具、钢笔工具以及"渐变"面板制作流体渐变，效果如图5-101所示。

实操5-6 / 制作流体渐变

📁 **实例资源** ▶ \第5章\制作流体渐变\宣传海报.ai

技术要点：
- 网格工具的使用；
- 任意形状渐变的创建与编辑。

图5-101

分步演示：

①使用钢笔工具绘制图形；

②填充任意形状渐变，添加"内发光"效果；

③绘制不同形状的流体渐变；

④调整流体渐变的显示位置与大小。使用网格工具绘制背景并置于底层，在最顶层绘制和文件等大的矩形，创建剪切蒙版。

分步演示效果如图5-102所示。

①　②　③　④

图5-102

第6章
文本：构筑文章框架

内容导读

本章将对文本的创建与编辑进行讲解，包括文本的创建、文本样式的设置、创建轮廓、串接文本以及文本绕排。读者了解并掌握这些基础知识可以轻松地创建各种文本元素，如标题、段落文本、标语等，以满足设计需求。

学习目标

- 掌握多种文本的创建。
- 掌握字符与段落样式的设置。
- 掌握创建轮廓的方法。
- 掌握串接文本与文本绕排的方法。

素养目标

- 学习如何运用字体、样式和布局来传达信息和表现创意，培养创新思维并激发设计灵感。
- 掌握创建与编辑文本等技能，能够合理安排文本与图形元素的位置和比例，确保设计的整体性和协调性。

案例展示

制作生日邀请函

制作图文混排

制作粒子文字效果

6.1 文本的创建

无论是简单的点文字、段落文字，还是复杂的路径文字，都可以使用文字工具组中的工具创建。

6.1.1 创建点文字

使用文字工具 **T** 或直排文字工具 ⊥T 可以创建点文字。点文字是指从单击位置开始随着字符输入而扩展的横排文本或直排文本，输入的文字独立成行或列，不会自动换行，如图6-1所示。可以在需要换行的位置按Enter键进行换行，如图6-2所示。

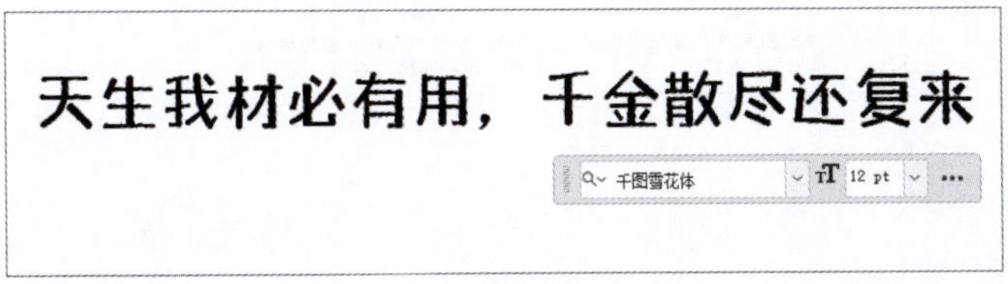

天生我材必有用，千金散尽还复来

天生我材必有用，
千金散尽还复来

图6-1 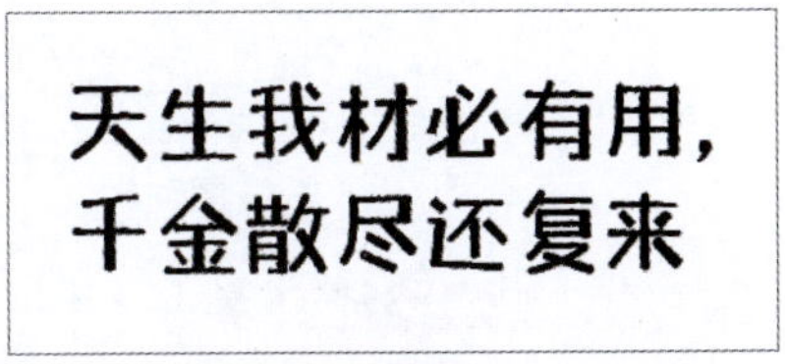　　　　　　　　　　　　　　　图6-2

6.1.2 创建段落文字

若需要输入大量文字，可以使用段落文字进行更好的整理与归纳。段落文字与点文字的最大区别在于段落文字被限定在文本框中，到达文本框边界时将自动换行。选择文字工具 **T**，在画板上按住鼠标左键并拖动，创建文本框，如图6-3所示，在文本框中输入文字，文字到达文本框边界时会自动换行，拖动文本框的控制点可调整文本框的大小，如图6-4所示。

图6-3 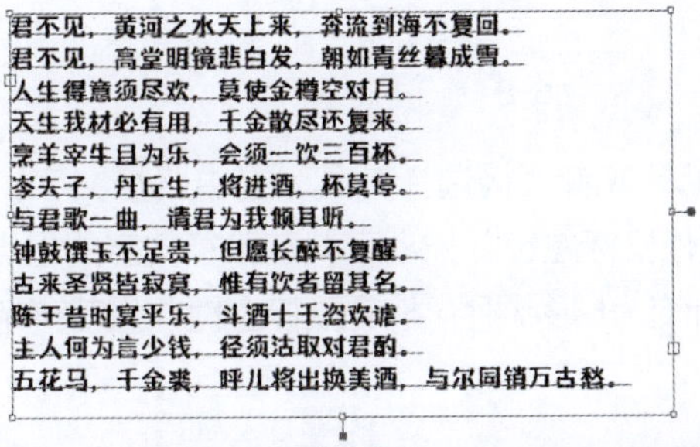　　　　　　　　　　　　　　　图6-4

6.1.3 创建区域文字

使用区域文字工具可以在矢量图形中输入文字，输入的文字将根据区域的边界自动换行。选择区域文字工具 ⊤，移动鼠标指针至矢量图形内部路径边缘上，此时鼠标指针变为 ⊕ 形状，单击以输入文字，如图6-5所示。

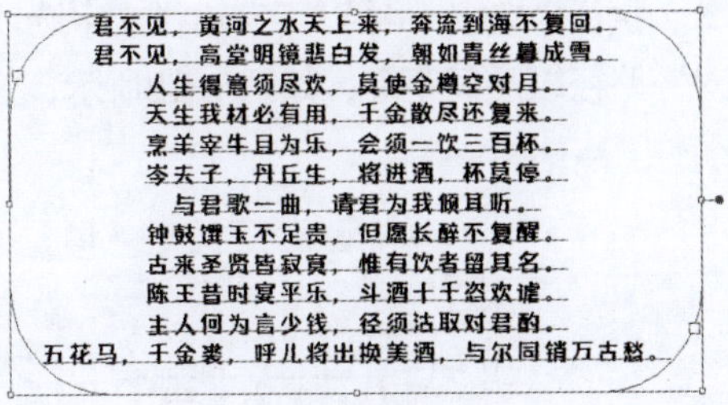

创建区域文字后，可以进行文本分栏，执行"文字>区域文字选项"命令，在弹出的对话框中设置行数量或列数量，如图6-6所示，效果如图6-7所示。

图6-5

图6-6

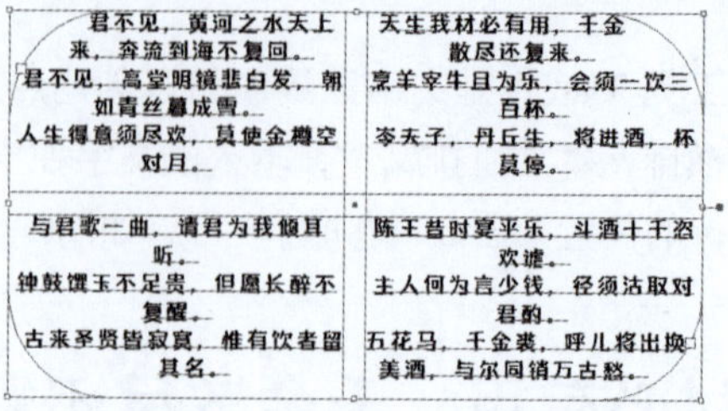

图6-7

6.1.4 创建路径文字

使用路径文字工具可以创建沿着开放路径或封闭路径排列的文字。水平输入文本时，字符与基线平行；垂直输入文本时，字符与基线垂直。使用路径工具绘制路径，选择路径文字工具 ，或直排路径文字工具 ，移动鼠标指针至路径边缘，此时鼠标指针变为 I 形状，如图6-8所示，单击将路径转换为文本路径，输入文字即可，如图6-9所示。

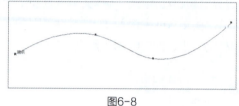

图6-8 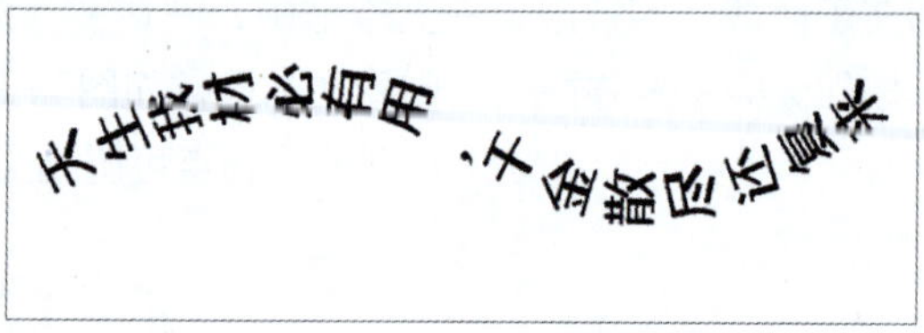   图6-9

选择选择工具或者直接选择工具，选中路径文字，移动鼠标指针至其起点，待鼠标指针变为 形状时，按住鼠标左键并拖动可调整路径文字的起点，如图6-10所示；移动鼠标指针至其终点，待鼠标指针变为 形状时，按住鼠标左键并拖动可调整路径文字的终点，如图6-11所示。

图6-10    图6-11

执行"文字>路径文字>路径文字选项"命令，在弹出的对话框中可以设置路径效果、翻转、对齐路径以及间距等，如图6-12所示，效果如图6-13所示。

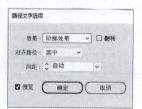

图6-12    图6-13

6.1.5 创建修饰文字

使用修饰文字工具可以在保持文字属性的状态下对单个字符进行移动、旋转和缩放等操作。使用文字工具输入文字，选择修饰文字工具，在字符上单击即可显示定界框，如图6-14所示。按住鼠标左键并拖动定界框可移动字符，图6-15所示为上下移动字符。

将鼠标指针放在定界框左上角的控制点上，按住鼠标左键并上下拖动可将字符沿垂直方向缩放，如图6-16所示；将鼠标指针放在定界框右下角的控制点上，按住鼠标左键并左右拖动可将字符沿水平方向缩放，如图6-17所示。

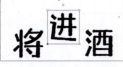
图6-14　　　　　图6-15　　　　　图6-16　　　　　图6-17

将鼠标指针放在定界框顶部的控制点上，按住鼠标左键并拖动可以旋转字符，如图6-18所示。将鼠标指针放在定界框右上角的控制点上，按住鼠标左键并拖动可以等比例缩放字符，如图6-19所示。

按住鼠标左键并拖动定界框左下角的控制点可以自由移动字符，如图6-20所示，效果如图6-21所示。

图6-18　　　　　图6-19　　　　　图6-20　　　　　图6-21

6.1.6 课堂实操：装饰标题文字 AIGC

微课视频

实操 *6-1* ｜ 装饰标题文字

实例资源 ▶ \第6章\装饰标题文字\标题文字.ai

本案例将装饰标题文字。涉及的知识点有文字工具、"字符"面板以及修饰文字工具的应用。具体操作方法如下。

Step 01 选择文字工具，在"字符"面板中设置参数，如图6-22所示。

Step 02 输入文本，如图6-23所示。

图6-22

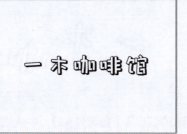
图6-23

Step 03 更改文字颜色（#6A3906），如图6-24所示。

Step 04 选择画笔工具，绘制一条辅助线，如图6-25所示。

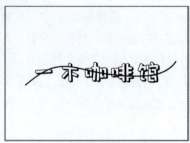

图6-24

图6-25

Step 05 选择修饰文字工具，将"咖"字向下移动，如图6-26所示。

Step 06 使用相同的方法调整其他字符的位置，如图6-27所示。

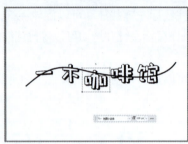
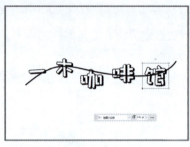

图6-26

图6-27

Step 07 分别选中单个字符，将鼠标指针放在定界框顶端的控制点上，按住鼠标左键旋转字符，如图6-28所示。

Step 08 隐藏辅助线，按住Alt键移动复制文字，调整底层文字的不透明度为30%，如图6-29所示。

图6-28

图6-29

Step 09 调整底层文字的显示位置，最终效果如图6-30所示。

图6-30

Step 10 可以利用AIGC工具（如即梦AI），生成咖啡馆的实际效果，如图6-31所示。

Step 11 将保存的标题文字放置门头上，图层样式设置为"正片叠底"，最终效果如图6-32所示。

图6-31　　　　　　　　　　　　　　图6-32

6.2 文本样式的设置

文本样式的设置主要通过"字符"面板和"段落"面板来完成。这两个面板提供了丰富的选项，允许用户详细定制文本的外观和布局。

6.2.1 "字符"面板

"字符"面板主要用于设置文本的字体、大小、颜色、间距等属性，以及进行字符的旋转和缩放等操作。执行"窗口>文字>字符"命令或按Ctrl+T组合键，打开"字符"面板，如图6-33所示。

图6-33

该面板中部分常用选项的功能如下。

- 设置字体系列：在下拉列表中可以选择文字的字体。
- 设置字体样式：设置所选字体的字体样式。
- 设置字体大小 **T**：可以在下拉列表中选择字体大小，也可以自定义字体大小。
- 设置行距 ▲：设置行间距。
- 垂直缩放 **IT**：设置文字的垂直缩放百分比。
- 水平缩放 **T**：设置文字的水平缩放百分比。
- 设置两个字符间距微调 ∀A：微调两个字符的间距。
- 设置所选字符的字距调整 ▨：设置所选字符的间距。
- 对齐字形：准确对齐实时文本的边界。可单击"全角字框"按钮 ▨、"全角字框，居中"按钮 ▨、"字形边界"按钮 ▨、"基线"按钮 Ax、"角度参考线"按钮 A 以及"锚点"按钮 A。使用"对齐字形"功能需先打开"智能参考线"，即执行"视图>对齐字形/智能参考线"。

在"字符"面板中单击右上角的 ≡ 按钮，在弹出的菜单中选择"显示选项"命令，此时，面板中间部分会显示被隐藏的选项，如图6-34所示。

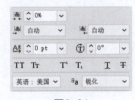

图6-34

该部分选项的功能如下。

- 比例间距 ▨：设置字符的比例间距。
- 插入空格（左）▨：在字符左侧插入空格。
- 插入空格（右）▨：在字符右侧插入空格。
- 设置基线偏移 A▲：设置文字与文字基线之间的距离。
- 字符旋转 ⊕：设置字符的旋转角度。
- **TT** **Tr** **T¹** **T₁** **T** **Ŧ**：设置字符效果，从左至右依次为全部大写字母 **TT**、小型大写字母 **Tr**、上标 **T¹**、下标 **T₁**、下划线 **T** 和删除线 **Ŧ**。

设置消除锯齿方法：在下拉列表中可选择"无""锐化""明晰""强"等选项。

知识链接

除了可以在"字符"面板中设置文字的参数，还可以在文字工具的控制栏中、"属性"面板以及上下文任务栏中进行设置。

6.2.2 "段落"面板

"段落"面板主要用于调整文本的布局和对齐方式，以及设置段落缩进和间距等。

执行"窗口>文字>段落"命令或按Ctrl+Alt+T组合键即可打开"段落"面板，如图6-35所示。

图6-35

1. 文本对齐

"段落"面板顶部包括7种对齐方式，这7种对齐方式的作用如下。

- 左对齐 ≡：文字将与文本框的左侧对齐。
- 居中对齐 ≡：文字将与文本框的中心线对齐。
- 右对齐 ≡：文字将与文本框的右侧对齐。
- 两端对齐，末行左对齐 ≡：将在每一行中尽量多地排入文字，行两端与文本框两端对齐，最后一行和文本框的左侧对齐。
- 两端对齐，末行居中对齐 ≡：将在每一行中尽量多地排入文字，行两端与文本框两端对齐，最后一行和文本框的中心线对齐。
- 两端对齐，末行右对齐 ≡：将在每一行中尽量多地排入文字，行两端与文本框两端对齐，最后一行和文本框的右侧对齐。
- 全部两端对齐 ≡：文本框中的所有文字将与文本框两端对齐，中间通过添加字间距来填充，文本的两侧保持整齐。

2. 项目符号与编号

在项目符号列表中，每个段落的开头都包含一个项目符号字符。而在带编号的列表中，每个段落开头则采用一个数字或字母，后面通常跟随一个分隔符，如句号、括号或其他符号，用以明确标识和分隔列表项。在"段落"面板中，单击"项目符号" ≔ 旁的"查看项目符号选项"按钮或"编号列表" ≔ 旁的"查看编号列表选项"按钮，可打开预设菜单，如图6-36、图6-37所示。

若要对预设符号和编号进行更改或调整，可以单击预设菜单中的"更多"按钮 ⋯，在弹出的"项目符号和编号"对话框中选择项目符号与编号预设，如图6-38、图6-39所示。

图6-36

图6-37

图6-38

图6-39

3. 段落缩进

缩进是指文本行与其所在段或容器的边界之间的间距。在文件排版中，可以为多个段落设置不同的缩进方式。"段落"面板中包括"左缩进" ▉、"右缩进" ▉ 和"首行左缩进" ▉ 3种缩进方式。

选中要设置缩进的对象，在"段落"面板中设置首行缩进参数，当输入的数值为正数时，段落首行向内缩排，如图6-40所示。当输入的数值为负数时，段落首行向外凸出，如图6-41所示。

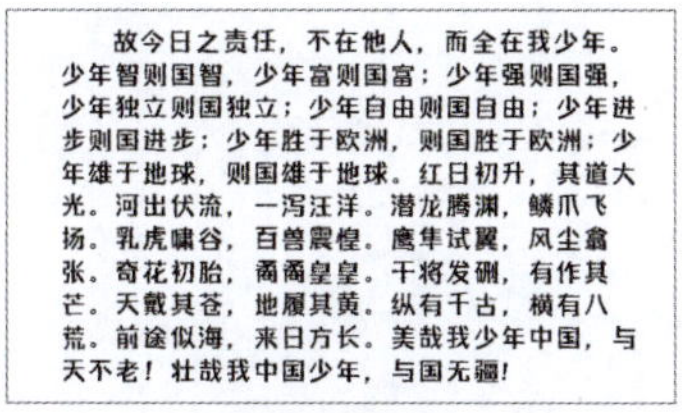

图6-40

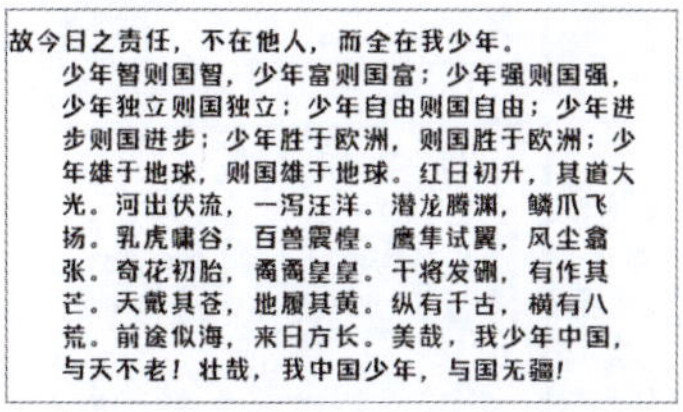

图6-41

4. 段落间距

设置段落间距可以更加清楚地区分段落，使其便于阅读。在"段落"面板中可以设置"段前间距" ▉ 和"段后间距" ▉，即所选段落与前一段或后一段的距离。选中要设置间距的对象，设置段前间距为5pt，对比效果如图6-42、图6-43所示。

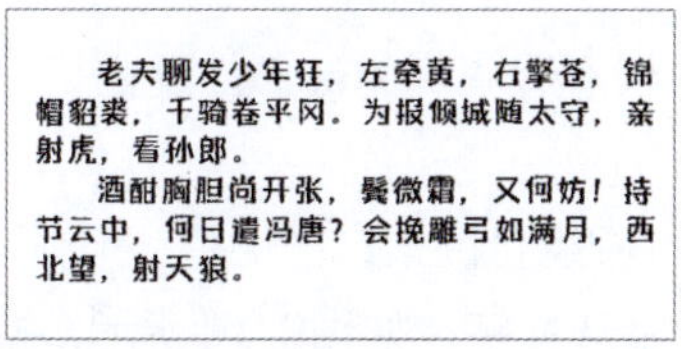

图6-42

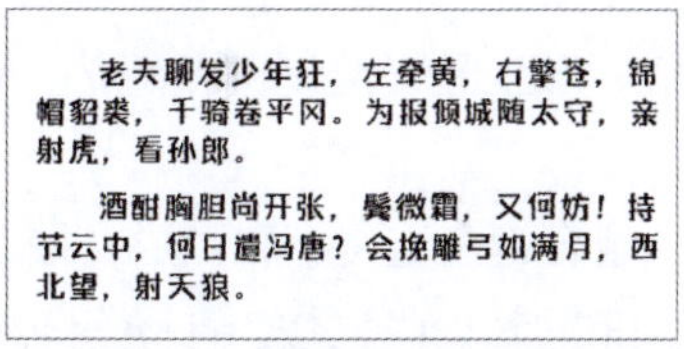

图6-43

5. 避头尾集

该选项用于指定中文文本的换行方式。不能位于行首或行尾的字符被称为避头尾字符。默认情况下，该选项为"无"，用户可根据需要选择"严格"或"宽松"选项，图6-44所示为选择"无"和"严格"选项的对比效果。

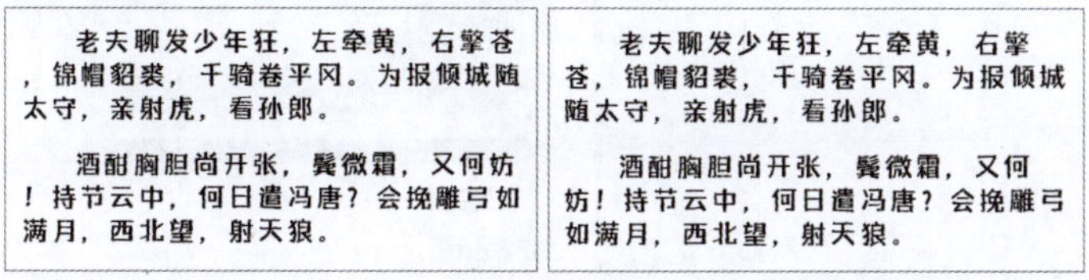

图6-44

6.2.3　课堂实操：制作生日邀请函 AIGC

实操6-2 制作生日邀请函

微课视频

实例资源 ▶ \第6章\制作生日邀请函\背景.jpg和生日文案.txt

本案例将制作生日邀请函。涉及的知识点有文字工具、"字符"面板、"段落"面板的使用。具体操作方法如下。

Step 01 打开素材文件，使用画板工具调整画板宽为128mm、高为190mm，如图6-45所示。

Step 02 使用选择工具选中背景，在控制栏中分别单击"水平居

图6-45

中对齐"按钮 ■ 与"垂直居中对齐"按钮 ■，按Ctrl+2组合键锁定图层，如图6-46所示。

Step 03 选择文字工具，在"字符"面板中设置参数，如图6-47所示。

Step 04 输入文字，设置文字水平居中对齐，如图6-48所示。

Step 05 按住Alt键移动复制文字，更改底部文字的颜色（#A87E33），如图6-49所示。

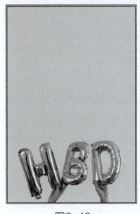

图6-46   图6-47   图6-48   图6-49

Step 06 选择圆角矩形工具，绘制圆角矩形，调整不透明度为50%，设置矩形水平居中对齐，如图6-50所示。

Step 07 按Ctrl+A组合键全选文字和图形，按Ctrl+2组合键锁定图层。

Step 08 打开"生日文案.txt"，按Ctrl+A组合键全选文字，如图6-51所示，按Ctrl+C组合键复制文字。

图6-50   图6-51

 提示

该文案内容由AIGC工具（如文心一言）生成。提示词如下：我将举办一个生日派对，请生成用于邀请函的文案。

Step 09 选择文字工具，创建文本框，按Ctrl+V组合键粘贴文字，如图6-52所示。

Step 10 在"字符"面板中设置参数，如图6-53所示，效果如图6-54所示。

Step 11 将光标移至段落末尾处，按Enter键换行，效果如图6-55所示。

Step 12 选择部分文字，在"段落"面板中设置参数，如图6-56所示。效果如图6-57所示。

Step 13 选择最后两行文字，单击"右对齐"按钮≣，更改文字颜色为#4C2D00，效果如图 6-58所示。

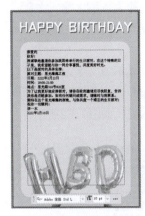
图6-52

图6-53

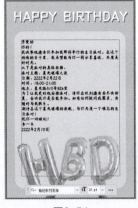
图6-54

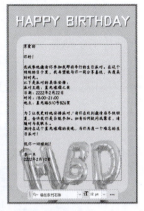
图6-55

图6-56

图6-57

图6-58

6.3 文本的进阶编辑

通过创建轮廓、串接文本以及文本绕排等进阶编辑技巧，可以在Illustrator中更加灵活地处理文本元素，实现更具创意和个性化的设计效果。

6.3.1 创建轮廓

创建轮廓是指将文本转换为可编辑的矢量图形，使其不再作为可编辑的字符，而是变为路径形状。选中目标文字，执行"文字>创建轮廓"命令或按Shift+Ctrl+O组合键，创建轮廓前后的效果如图6-59、图6-60所示。

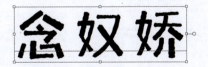
图6-59

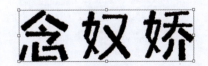
图6-60

6.3.2　文本串接

文本串接是指将多个文本框进行连接，形成一连串的文本框。在第一个文本框中输入文字，多余的文字会自动显示在第二个文本框里。通过串接文本可以快速、方便地进行文字布局、字间距、字号的调整。

创建区域文字或路径文字时，文字过多往往会导致文字溢出，此时文本框或文字末端将出现溢出标记，如图6-61所示。选中文本，使用选择工具▶在溢出标记上单击，移动鼠标指针至空白处，此时鼠标指针为形状，单击即可创建与原文本框串接的新文本框，如图6-62所示。

图6-61　　　　　　　　　　　　图6-62

还可以串接相互独立的文本框或文本框和矢量图形。图6-63所示为两个独立的文本框和矢量图形，执行"文字>串接文本>创建"命令创建串接文本，如图6-64所示。

图6-63　　　　　　　　　　　　图6-64

若想解除文本框之间的串接关系，使文字集中到一个文本框内，可以选中需要释放的文本框，执行"文字>串接文本>释放所选文字"命令，选中的文本框将释放文本串接并变为空的文本框。

除了可以执行"释放所选文字"命令释放文本串接，还可以在选中文本框的情况下移动鼠标指针至文本框的标记处并单击，此时鼠标指针变为形状，如图6-65所示，再次单击即可释放文本串接。该方法默认将后一个文本框释放为空的文本框，前一个文本框中的文本变为溢流文本，如图6-66所示。

图6-65　　　　　　　　　　　　图6-66

6.3.3 文本绕排

文本绕排可以使文本围绕图形对象的轮廓进行排列，形成图文并茂的效果。在进行文本绕排时，需要保证图形对象在文本上方。选中文本和图形对象，如图6-67所示，执行"对象>文本绕排>建立"命令，在弹出的提示对话框中单击"确定"按钮即可应用绕排效果，如图6-68所示。

图6-67　　　　　　　　　　图6-68

6.3.4 课堂实操：制作图文混排效果

微课视频

实操6-3　制作图文混排效果

实例资源 ▶ \第6章\制作图文混排效果\猫.png和猫.txt

本案例将制作图文混排效果。涉及的知识点有文字工具、字符面板、段落面板、描摹图像以及文本绕排命令的应用。具体操作方法如下：

Step 01 打开素材文件"猫.txt"，按Ctrl+A组合键全选，按Ctrl+C组合键复制，如图6-69所示。

Step 02 使用文字工具创建文本框，按Ctrl+V组合键粘贴文字，在"字符"面板中设置参数，如图6-70所示。

Step 03 在"段落"面板中设置参数，如图6-71所示，效果如图6-72所示。

Step 04 执行"文件>置入"命令，置入素材图像，如图6-73所示。

图6-69

图6-70　　　　　　　　　　图6-71

Step 05 在控制栏中单击"图像描摹"旁的"描摹预设"按钮，在弹出的菜单中选择"高保真度照片"命令，描摹完成后取消分组，删除背景，效果如图6-74所示。

图6-72　　　　　　　　　图6-73　　　　　　　　　图6-74

Step 06 锁定文字图层，选择描摹的图像编组，解锁文字图层，按Ctrl+A组合键全选文字与素材图像，执行"对象>文本绕排>建立"命令，效果如图6-75所示。

Step 07 调整文本框的大小显示全部文字，选中图像后调整大小与显示位置，最终效果如图6-76所示。

图6-75　　　　　　　　　　　　　　　图6-76

6.4 实战演练：制作粒子文字效果

微课视频

实操6-4 / 制作粒子文字效果

📁 **实例资源** ▶ \第6章\制作粒子文字效果\粒子文字.ai

　　本实战演练将制作粒子文字效果，综合练习本章的知识点，以帮助读者熟练掌握和巩固文字的创建与编辑、创建轮廓、渐变设置以及图像描摹等方法。下面将进行操作思路的介绍。

Step 01 在"字符"面板中选择较粗的字体，如图6-77所示。

Step 02 输入文字"R"，效果如图6-78所示。

Step 03 按住Ctrl+Shift+O组合键创建轮廓，效果如图6-79所示。

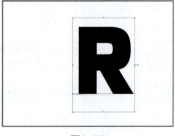

图6-77　　　　　　　　　图6-78　　　　　　　　　图6-79

Step 04 选择直接选择工具，按住Shift键，在字母左侧两个锚点上按住鼠标左键并向左拖动，效果如图6-80所示。

Step 05 选择矩形工具，绘制矩形，覆盖住文字，如图6-81所示。

Step 06 执行"窗口>渐变"命令，在弹出的"渐变"面板中创建黑白渐变，效果如图6-82所示。

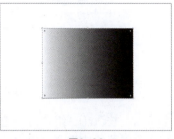

图6-80 图6-81 图6-82

Step 07 执行"效果>像素化>铜板雕刻"命令，在弹出的"铜板雕刻"对话框中设置参数，然后单击"确定"按钮，如图6-83所示，效果如图6-84所示。

Step 08 执行"对象>扩展外观"命令，效果如图6-85所示。

图6-83 图6-84 图6-85

Step 09 单击控制栏中的"图像描摹"按钮，效果如图6-86所示。

Step 10 在控制栏中单击"扩展"按钮，效果如图6-87所示。

Step 11 单击鼠标右键，在弹出的菜单中选择"取消编组"命令，执行"对象>扩展"命令，效果如图6-88所示。

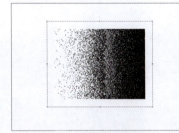
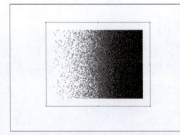

图6-86 图6-87 图6-88

Step 12 选中白色区域，执行"选择>相同>填充颜色"命令，效果如图6-89所示。

Step 13 按Delete键删除选中的白色区域，如图6-90所示。

Step 14 选中文字图层，按Shift+Ctrl+]组合键将其置于顶层，效果如图6-91所示。

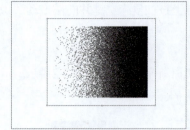

图6-89

图6-90

图6-91

图6-92

Step 15 按Ctrl+A组合键全选内容，单击鼠标右键，在弹出的菜单中选择"建立剪切蒙版"命令，效果如图6-92所示。

6.5 拓展练习

下面将练习使用文字工具、椭圆工具以及路径查找器制作透叠文字效果，如图6-93所示。

实操6-5 制作透叠文字效果

📁 **实例资源** ▶ \第6章\制作透叠文字效果\透叠文字.ai

技术要点：
- 文字的创建与编辑；
- 路径查找器的应用。

图6-93

分步演示：
①使用文字工具输入两行文字；
②使用椭圆工具绘制圆形，按Ctrl+A组合键全选内容；
③编组后，执行"效果>路径查找器>差集"命令创建透叠效果；
④进入隔离模式，调整圆形的显示效果。
分步演示效果如图6-94所示。

图6-94

第 7 章

对象：选择、
管理与变换

Ai

内容导读

本章将对对象的选择、管理与变换进行讲解，包括对象的选择、对象的管理以及对象的变形与变换。读者了解并掌握这些基础知识可以快速、精准地选择和编辑对象，从而更加高效地进行图形的设计和编辑。

学习目标

- 掌握不同对象的选择方法。
- 掌握对象的显示、编组、排列等。
- 掌握对象的变形操作。
- 掌握对象的变换操作。

素养目标

- 培养对图形元素细微差别的敏感度和精确选择图形元素的能力。
- 通过"变换"面板、变形工具等进行对象的空间重构，锻炼空间想象力和创造新造型的能力。

案例展示

制作画册内页

快速制作扁平化花朵

制作线条文字

7.1 对象的选择

选择对象是编辑和操作图形的基础。Illustrator提供了针对不同情况的特定选择工具，使得用户在进行图形编辑和设计时能够更加高效和精确。

7.1.1 选择工具

选择工具可以选中整体对象。使用选择工具▶单击即可选择对象，按住Shift键在未选中对象上单击可以加选对象，再次单击将取消选中。也可以在一个或多个对象的周围拖动鼠标，形成一个虚线框，如图7-1所示，释放鼠标即可选中被虚线框圈住的所有对象，如图7-2所示。

图7-1

图7-2

7.1.2 直接选择工具

使用直接选择工具可以直接选中路径上的锚点或路径段。选择直接选择工具▷，在对象的锚点或路径段上单击即可将其选中。被选中的锚点呈实心状，拖动锚点或方向线可以调整对象的显示状态。

图7-3

图7-4

若在对象周围拖出一个虚线框，如图7-3所示，虚线框中的部分即可被全部选中。虚线框内的部分被扩选，锚点变为实心状态；虚线框外的锚点变为空心状态，如图7-4所示。

7.1.3 编组选择工具

当对象被编组后，可以使用编组选择工具单独选中编组内的某个对象。选择编组选择工具▷，单击编组中的对象即可将其选中，如图7-5所示。再次单击将选中对象所在编组中的所有对象，如图7-6所示。

图7-5

图7-6

7.1.4 魔棒工具

魔棒工具可用于选择具有相似属性（如填充、描边等）的对象。双击魔棒工具，在弹出的"魔棒"面板中可以设置要选择的属性，如图7-7所示，在对象上单击即可选择与该对象填充颜色类似的对象，如图7-8所示。

图7-7　　　　　　　　　　　图7-8

7.1.5 套索工具

使用套索工具可以通过套索创建选择区域，该区域内的对象将被选中。选择套索工具，在对象的外围按住鼠标左键并拖动，创建一个选择区域，如图7-9所示，释放鼠标，选择区域中的对象将同时被选中，如图7-10所示。

图7-9　　　　　　　　　　　图7-10

7.1.6 "选择"命令

展开"选择"菜单，执行其中的命令可以进行全选、取消选择、选择具有相同属性的对象以及存储所选对象等操作，如图7-11所示。

其中常用命令的含义如下。

- 全部：选择文件中所有未锁定的对象。
- 取消选择：取消选择所有对象，也可以通过单击空白处实现。
- 重新选择：恢复选择上次所选对象。
- 反向：当前被选中的对象将被取消选中，未被选中的对象会被选中。

图7-11

- 相同：可在子菜单中选择要选中的对象的相同属性，例如外观、混合模式、填色和描边、描边颜色等。
- 存储所选对象：选择一个或多个对象进行存储。

7.2 对象的管理

对象的管理涉及"图层"面板的使用、对象的显示与隐藏、编组与解组以及锁定与解锁等功能。这些功能可以大大提高设计工作的效率和精度。

7.2.1 "图层"面板

"图层"面板为用户提供了一种直观的方式来管理和组织图形项目中的各个元素。执行"窗口>图层"命令，弹出"图层"面板，如图7-12所示。

该面板中各个按钮的功能如下。

- 切换可视性 　/ 　：　 按钮表示图层可见，单击该按钮，将其变成 　 按钮，表示图层隐藏。

图7-12

- 切换锁定 　：单击图层名称前的空白处即可锁定图层，禁止对图层进行更改。
- 存储所选对象 　：单击该按钮，在弹出的菜单中可选择存储选区、编辑所选对象以及更新选区。
- 收集以导出 　：单击该按钮，弹出"资源导出"面板，在该面板中设置参数，可导出PNG格式的图片。
- 定位对象 　：单击该按钮可以快速定位该图层中对象所在的位置。
- 建立/释放剪切蒙版 　：单击该按钮可将当前图层创建为蒙版，或将蒙版恢复到原来的状态。
- 创建新子图层 　：单击该按钮可为当前图层创建新的子图层。
- 创建新图层 　：单击该按钮可创建新图层。
- 删除所选图层 　：单击该按钮可删除所选图层。

在"图层"面板中单击"创建新图层"按钮 　 即可创建新图层，如图7-13所示；单击"创建新子图层"按钮 　 即可在当前图层内创建一个子图层，如图7-14所示。在"图层"面板中，各图层前方显示了该图层的颜色，双击图层，在弹出的"图层选项"对话框中可以设置图层名称以及颜色，如图7-15所示。

图7-13

图7-14

图7-15

7.2.2 对象的显示与隐藏

隐藏对象后该对象不可见、不可选中，也不能被打印出来。在"图层"面板中单击"切换可视性"按钮 　 可以隐藏图层，效果如图7-16所示，再次单击可以显示图层，效果如图7-17所示。

除了可以在"图层"面板中操作，还可以执行"对象>隐藏>所选对象"命令或按Ctrl+3组合键隐藏所选对象，执行"对象>显示全部"命令或按Ctrl+Alt+3组合键可显示所有隐藏的对象。

图7-16　　　　　　　　　　图7-17

7.2.3　对象的锁定与解锁

锁定对象后该对象就不可被选中或编辑。选中要锁定的对象，在"图层"面板中单击图层前的 　 按钮，出现图标 🔒 表示图层被锁定，如图7-18所示。图7-19所示为锁定对象后按Ctrl+A组合键全选的效果。

图7-18　　　　　　　　　　　图7-19

除了可以在"图层"面板中操作，还可以执行"对象>锁定>所选对象"命令或按Ctrl+2组合键锁定对象，执行"对象>全部解锁"命令或按Ctrl+Alt+2组合键可解锁所有锁定的对象。

7.2.4　对象的编组与解组

选中目标对象，在上下文任务栏中单击"编组"按钮，或者按Ctrl+G组合键，可以将多个对象绑定为一个整体来操作和编辑，便于管理与选择，如图7-20所示，此时"图层"面板如图7-21所示。按Ctrl+Shift+G组合键可以取消编组。

图7-20　　　　　　　　　　图7-21

7.2.5　对象的排列

绘制复杂的图形对象时，对象的排列不同会产生不同的外观效果。选择"对象>排列"命令，其子菜单中包括多个排列调整命令；在选中对象的时候单击鼠标右键，可在弹出的菜单中选择合适的排列调整命令。

- 置于顶层：若要把对象移到所有对象前面，执行"对象>排列>置于顶层"命令，或按Ctrl+Shift+]组合键。
- 置于底层：若要把对象移到所有对象后面，执行"对象>排列>置于底层"命令，或按

Ctrl+Shift+[组合键。

- 前移一层：若要把对象向前面移动一个位置，执行"对象>排列>前移一层"命令，或按Ctrl+]组合键。
- 后移一层：若要把对象向后面移动一个位置，执行"对象>排列>后移一层"命令，或按Ctrl+[组合键。

7.2.6　对象的对齐与分布

对齐与分布可以使对象的排列遵循一定的规则，从而使画面更加整洁有序。选择多个对象后，在控制栏中单击 对齐，或者执行"窗口>对齐"命令，打开"对齐"面板，如图7-22所示。单击该对话框中的按钮即可设置对象的对齐与分布方式。

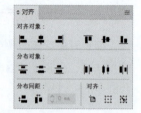

图7-22

1. 对齐对象

对齐按钮可以将多个对象整齐排列。"对齐对象"选项组中包含6个对齐按钮："水平左对齐"按钮 ▣、"水平居中对齐"按钮 ▣、"水平右对齐"按钮 ▣、"垂直顶对齐"按钮 ▣、"垂直居中对齐"按钮 ▣、"垂直底对齐"按钮 ▣。图7-23、图7-24所示为以猴子为对齐基准垂直居中对齐前后的对比。

2. 分布对象

分布按钮可以调整多个对象之间的距离。"分布对象"选项组包含6个分布按钮："垂直顶分布"按钮 ▣、"垂直居中分布"按钮 ▣、"垂直底分布"按钮 ▣、"水平左分布"按钮 ▣、"水平居中分布"按钮 ▣、"水平右分布"按钮 ▣。图7-25所示为应用水平居中分布后的效果。

图7-23

图7-24

图7-25

🔗 **知识链接**

选中对象后再次单击某一个对象，即可以该对象为基准进行对齐。

3. 分布间距

分布间距按钮可以通过对象路径之间的精确距离分布对象。"分布间距"选项组中包含两个按钮和指定间距值选项，两个按钮分别为"垂直分布间距"按钮 ▣ 和"水平分布间距"按钮 ▣。选中要分布的对象后使用选择工具选中关键对象，输入指定间距值40mm，如图7-26所示，单击"水平分布间距"按钮 ▣，效果如图7-27所示。

4. 对齐

"对齐"选项组中提供了3种对齐基准，分别是"对齐画板" ▣、"对齐所选对象" ▣ 以及"对齐关键对象" ▣。将素材对象编组，对齐基准默认为"对齐画板"，应用水平居中对齐和垂直居中对齐，效果如图7-28所示。

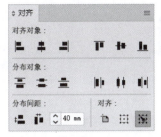

图7-26

图7-27

图7-28

7.2.7 课堂实操：制作画册内页 AIGC

实操7-1 制作画册内页

微课视频

📦 **实例资源** ▶ \第7章\制作画册内页\素材

本案例将制作画册内页。涉及的知识点有矩形工具、"渐变"面板的使用、置入素材、对齐与分布以及排列对象的方法。具体操作方法如下。

Step 01 新建横版A3大小的空白文件，使用矩形工具绘制一个210mm×297mm的矩形，设置其描边为"无"，在控制栏中单击"水平左对齐"按钮■和"垂直居中对齐"按钮■，效果如图7-29所示。

Step 02 在"渐变"面板中为矩形添加渐变效果，如图7-30所示。

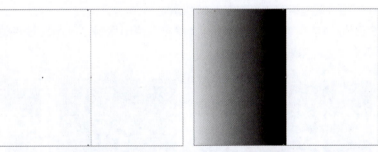

图7-29   图7-30

Step 03 双击右侧渐变滑块，设置K值为20%，如图7-31所示，效果如图7-32所示。

Step 04 按Ctrl+2组合键锁定图层。

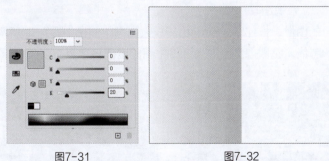

图7-31   图7-32

Step 05 执行"文件>置入"命令，打开"置入"对话框，选中要置入的素材文件，如图7-33所示。

Step 06 单击"置入"按钮后，在画板上多次单击以置入素材文件，如图7-34所示。

图7-33 图7-34

Step 07 选择3个矩形图像，将它们移动至最右侧，调整上方图像的大小，如图7-35所示。

Step 08 选择右侧3个矩形图像，单击"水平右对齐"按钮 ▤、"垂直居中分布"按钮 ▤，效果如图7-36所示。

图7-35 图7-36

Step 09 按Ctrl+G组合键编组，效果如图7-37所示。

Step 10 按住Shift键加选左上角的图像，再次单击右侧图像组，以此为对齐关键对象，单击"垂直顶对齐"按钮 ▜，效果如图7-38所示。

图7-37 图7-38

Step 11 选择左上角的图像，按住Shift键等比例放大图像，效果如图7-39所示。

Step 12 借助智能参考线调整图像显示效果。将中间的图像移动至左下角，如图7-40所示。

图7-39 图7-40

Step 13 继续调整图像显示效果。选中左上角的图像，以左上角的图像为对齐基准，单击"水平右对齐"按钮 ，效果如图7-41所示。

Step 14 选择左下角的图像，在控制栏中单击"裁剪图像"按钮，调整裁剪框尺寸与位置，如图7-42所示。

图7-41　　　　　　　　　　　　　图7-42

Step 15 按住Shift键加选左上角的图像，再次单击以此为对齐基准，单击"水平左对齐"按钮 ，效果如图7-43所示。

Step 16 按住Shift键加选剩余图像，执行"对象>排列>置于底层"命令，效果如图7-44所示。

图7-43　　　　　　　　　　　　　图7-44

Step 17 选择渐变矩形，在控制栏中单击"不透明度"按钮，在弹出的菜单中设置混合模式为"正片叠底"，效果如图7-45所示。

Step 18 根据保存的图像，可以利用AIGC工具（如即梦AI），生成真实的画册翻开效果，如图7-46所示。

图7-45　　　　　　　　　　　　　图7-46

7.3 对象的变形与变换

在Illustrator中，可以使用对象变形工具调整对象的外形，使用变换工具变换对象。此外，使用"变换"面板可以进行多种变换，执行变换命令可以进行精准变换。

7.3.1 对象变形工具

对象变形工具可以改变对象的外形，使其呈现独特的视觉效果。下面将对这些工具的作用进行介绍。

1. 宽度工具

使用宽度工具可以调整路径描边的宽度，使其展现不同的宽度效果。选择宽度工具 ，移动鼠标指针至要改变宽度的路径上，待鼠标指针变为 形状时按住鼠标左键并拖动，如图7-47所示，释放鼠标即可调整路径描边的宽度，如图7-48所示。

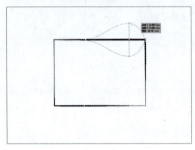
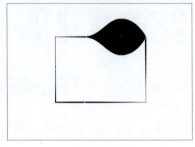

图7-47 　　　　　　　　　　　图7-48

2. 变形工具

使用变形工具可以通过拖动鼠标制作出对象变形的效果。双击变形工具 ，在弹出的对话框中对变形工具的画笔尺寸、变形选项等参数进行设置，如图7-49所示。在要变形的对象上按住鼠标左键并拖动即可使对象产生变形的效果，如图7-50所示。

图7-49 　　　　　　　　　　　图7-50

> **🔗 知识链接**
>
> 按住Alt键在图像编辑窗口中按住鼠标左键并拖动可以调整变形工具的画笔尺寸，按住Alt+Shift组合键并拖动可等比例调整变形工具的画笔尺寸。

3. 旋转扭曲工具

使用旋转扭曲工具可以使对象产生旋转扭曲的变形效果。选择旋转扭曲工具 ，在要变形的对象上按住鼠标左键即可产生旋转扭曲效果，按住鼠标左键的时间越长扭曲程度越高，如图7-51所示。也可以按住鼠标左键并拖动，鼠标指针经过的地方均会产生旋转扭曲的效果，如图7-52所示。

4. 缩拢工具

使用缩拢工具可以使对象向内收缩，从而产生变形的效果。选择缩拢工具 ，在要变形的对象上按住鼠标左键即可产生缩拢变形的效果，如图7-53所示。也可以按住鼠标左键并拖动，鼠标指针经过的地方均会产生缩拢变形的效果，如图7-54所示。

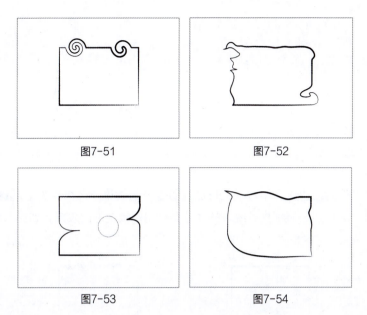

图7-51   图7-52

图7-53   图7-54

5. 膨胀工具

膨胀工具与缩拢工具的作用相反，该工具可以使对象向外膨胀，从而产生变形的效果。选择膨胀工具 ，在要变形的对象外侧长按鼠标左键，产生向内的膨胀效果，在内侧长按鼠标左键，则产生向外的膨胀效果，如图7-55所示。也可以按住鼠标左键并拖动，鼠标指针经过的地方均会产生膨胀变形的效果，如图7-56所示。

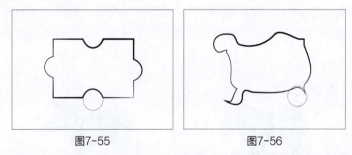

图7-55   图7-56

6. 扇贝工具

扇贝工具可以使对象向某一点集中产生锯齿变形的效果。选择扇贝工具 ，按住鼠标左键并拖动，如图7-57所示，鼠标指针经过的地方均会产生锯齿变形的效果，如图7-58所示。

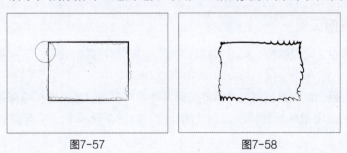

图7-57   图7-58

7. 晶格化工具

晶格化工具和扇贝工具类似，都可以制作出锯齿变形的效果，不同的是晶格化工具是使对象从某一点向外膨胀以产生锯齿变形的效果。选择晶格化工具 ，按住鼠标左键并拖动，如图7-59所示，鼠标指针经过的地方均会产生锯齿变形的效果，如图7-60所示。

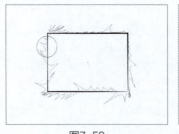

图7-59　　　　　　　　　　图7-60

8. 褶皱工具

褶皱工具可以使对象边缘产生波动，形成褶皱变形的效果。选择褶皱工具![icon]，按住鼠标左键并拖动，如图7-61所示，鼠标指针经过的地方会产生褶皱变形的效果，如图7-62所示。

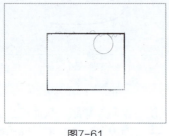

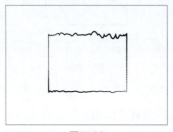

图7-61　　　　　　　　　　图7-62

9. 操控变形工具

操控变形工具可以扭转和扭曲对象的某些部分，使变换效果看起来十分自然。选中目标对象后，选择操控变形工具![icon]，在要变形的对象上会显示多个点，如图7-63所示，可以添加、移动和旋转点，从而将点对应的部分平滑地转换到不同的位置以及变换对象为不同的姿态，如图7-64所示。

图7-63　　　　　　　　　　图7-64

7.3.2　对象变换工具

在绘图的过程中，可以缩放、移动或镜像对象，以制作特殊的效果。下面将对此进行介绍。

1. 移动对象

选中目标对象后，可以根据需要灵活地选择多种方式移动对象。选择选择工具，在对象上按住鼠标左键并拖动，将鼠标指针移动到合适的位置，如图7-65所示，松开鼠标左键即可移动对象，如图7-66所示。

选中要移动的对象，按键盘上的方向键也可以移动对象。按住Alt键可以移动复制对象，如图7-67、图7-68所示；若按住Alt+Shift组合键，可以在水平、垂直、45°角的倍数方向上移动复制对象。

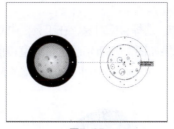

图7-65

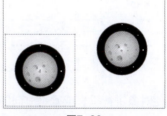

图7-66

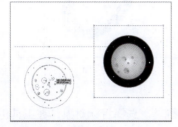

图7-67

图7-68

2. 比例缩放工具

使用比例缩放工具可以按照一定比例缩放对象，并保持对象的原始比例和形状。选择目标对象，在工具栏中双击比例缩放工具 ，在弹出的对话框中设置参数，如图7-69所示，效果如图7-70所示。

除了可以使用参数进行比例缩放，还可以手动进行缩放。选中对象后，对象的周围出现控制点，拖动各个控制点即可自由缩放对象，按住

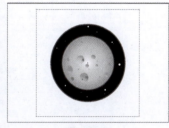

图7-69

图7-70

Shift键可以等比例缩放对象，按住Shift+Alt组合键可以从中心等比例缩放对象。

3. 倾斜工具

倾斜工具可以将对象沿水平或垂直方向进行倾斜。选择目标对象，在工具栏中双击倾斜工具 ，在弹出的对话框中设置参数，如图7-71所示，效果如图7-72所示。也可以直接使用工具，将中心点放置在任意一点上，拖动对象即可倾斜对象。

图7-71

图7-72

4. 旋转工具

旋转工具以对象的中心点为轴心进行旋转操作。选择目标对象，在工具栏中双击旋转工具 🔄，在弹出的对话框中设置参数，如图7-73所示，效果如图7-74所示。也可以直接使用工具，将中心点放置任意一点上，拖动对象即可旋转对象。按住Shift键拖动，可以45°倍增的角度旋转对象。

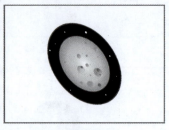

图7-73   图7-74

5. 镜像工具

镜像工具可以使对象进行垂直或水平方向的翻转。选择目标对象，在工具栏中双击镜像工具 🔃，在弹出的对话框中设置参数，如图7-75所示。也可以直接使用工具，将中心点放置任意一点上，拖动对象即可镜像旋转对象，如图7-76所示。

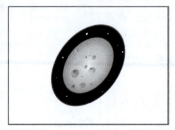

图7-75   图7-76

6. 自由变换工具

自由变换工具可以旋转、缩放、倾斜和扭曲对象。选择目标对象，选择自由变换工具 🔲，显示自由变换工具的构件，默认情况下选定"自由变换" 🔲，如图7-77所示。

控件中各选项含义如下。

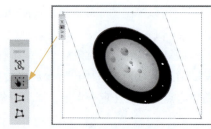

图7-77

● 限制 🔲：在使用"自由变换"和"自由扭曲"时选择此选项可以按比例缩放对象。

● 自由变换 🔲：拖动定界框上的点来变换对象。

● 自由扭曲 🔲：拖动对象的控制点可更改其大小和角度。

● 透视变换 🔲：拖动对象的控制点可在保持其角度的同时更改其大小，从而营造出透视感。

7.3.3 "变换"面板

"变换"面板显示了一个或多个选定对象的位置、大小和方向等信息。输入新的值可以变换对象或图案，还可以更改变换参考点以及锁定对象比例。执行"窗口>变换"命令，弹出"变换"面板，如图7-78所示。

该面板中各个按钮和选项的功能如下。

- 控制器 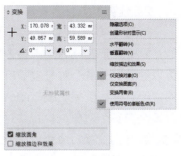：对参考点进行控制。
- X/Y：定义画面上对象的位置，从左下角开始测量。
- 宽/高：定义对象的精确尺寸。
- 约束宽度和高度比例 🔒：单击该按钮可以锁定缩放比例。
- 旋转 △：在该文本框中输入旋转角度，负值为顺时针旋转，正值为逆时针旋转。
- 倾斜 ⬛：在该文本框中输入倾斜角度，使对象沿一条水平轴或垂直轴倾斜。

图7-78

- 缩放描边和效果：勾选该复选框后，对对象进行缩放操作时，将进行描边和效果的缩放。

选择矩形、圆角矩形、椭圆形、多边形时，"变换"面板中会显示相应的属性，可以对这些属性参数进行调整，如图7-79～图7-82所示。

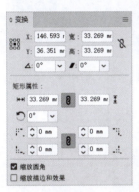

图7-79

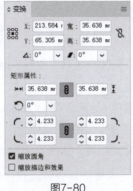

图7-80

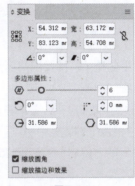

图7-81

图7-82

7.3.4 变换命令

在"变换"菜单中，包括旋转、镜像、缩放、再次变换和分别变换等命令，如图7-83所示。

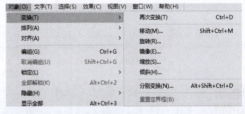

图7-83

1. 再次变换

每次进行对象变换的操作时，系统会自动记录该操作，执行"再次变换"命令可以用相同的参数进行再次变换。以移动为例，选择矩形，按住Alt键移动复制矩形，效果如图7-84所示。可多次执行"对象>变换>再次变换"命令或按Ctrl+D组合键进行再次变换，效果如图7-85所示。

图7-84

图7-85

2. 分别变换

当选择多个对象进行变换时，需要执行"分别变换"命令，可以让选中的各个对象按照自己的中心点进行变换。按Ctrl+A组合键全选多个对象，执行"对象>变换>分别变换"命令，在弹出的"分别变换"对话框中设置缩

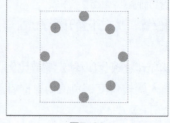

图7-86

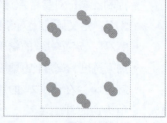

图7-87

放、移动、旋转等参数，图7-86、图7-87所示为应用"分别变换"前后的对比。

7.3.5 课堂实操：快速制作扁平化花朵

实操7-2 快速制作扁平化花朵

微课视频

📁 **实例资源** ▶ \第7章\快速制作扁平化花朵\花朵.ai

本案例将快速制作扁平化花朵。涉及的知识点有椭圆工具、旋转工具、再次变换以及路径查找器的应用。具体操作方法如下。

Step 01 选择椭圆工具，绘制椭圆形，设置填充颜色为#F39800，如图7-88所示。

Step 02 选择旋转工具，按住Alt键调整中心点的位置，如图7-89所示。

Step 03 释放鼠标，在弹出的"旋转"对话框中设置参数，如图7 90所示。

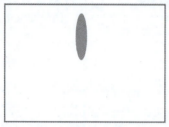

图7-88

图7-89

图7-90

Step 04 单击"复制"按钮，效果如图7-91所示。

Step 05 按Ctrl+D组合键连续复制，效果如图7-92所示。

Step 06 按Ctrl+A组合键全选椭圆形，在"属性"面板中单击"差集"按钮 ▣，效果如图7-93所示。

图7-91

图7-92

图7-93

7.4 实战演练：制作线条文字

实操 *7-3* / 制作线条文字

实例资源 ▶ \第7章\制作线条文字\线条文字.ai

本实战演练将制作线条文字，综合练习本章的知识点，以帮助读者熟练掌握和巩固线条的绘制、对象的复制、变换，文字的创建以及剪切蒙版的创建等。下面将进行操作思路的介绍。

Step 01 使用直线段工具绘制直线段，设置描边为2pt #F39800，如图7-94所示。

Step 02 按住Alt键移动复制直线段，按Ctrl+D组合键连续复制直线段，效果如图7-95所示。

图7-94

图7-95

Step 03 选择文字工具，输入文字并设置文字属性，如图7-96所示，效果如图7-97所示。

图7-96

图7-97

Step 04 按Ctrl+C组合键复制文字，按Ctrl+F组合键原位粘贴文字，在"图层"面板中隐藏复制的文字图层，如图7-98所示。

Step 05 全选线条，调整旋转角度，效果如图7-99所示。

Step 06 按Ctrl+A组合键全选内容，单击鼠标右键，在弹出的菜单中选择"建立剪切蒙版"命令，效果如图7-100所示。

图7-98

图7-99

图7-100

Step 07 显示复制的文字图层，按Shift+Ctrl+O组合键创建轮廓，效果如图7-101所示。

Step 08 在控制栏中单击"描边" 描边: ，在弹出的面板中设置参数，如图7-102所示，效果如图7-103所示。

图7-101

图7-102

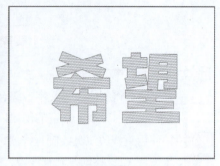
图7-103

7.5 拓展练习

下面将练习使用矩形工具绘制正方形，然后执行"分别变换"与"再次变换"命令多次变换正方形，效果如图7-104所示。

实操 7-4 / 矩形的多次变换

📦 **实例资源 ▶** \第/草\矩形的多次变换\矩形.ai

技术要点：
- 分别变换的设置与应用；
- 再次变换的设置与应用。

图7-104

分步演示：

①选择矩形工具，按住Shift键绘制正方形；

②执行"对象>变换>分别变换"命令，在弹出的"分别变换"对话框中设置参数；

③单击"复制"按钮；

④按Ctrl+D组合键再次变换。

分步演示效果如图7-105所示。

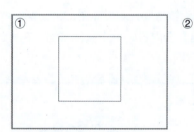

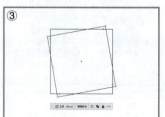

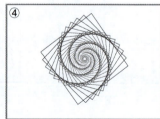

图7-105

第 8 章

图像：混合、封套扭曲与描摹

Ai

内容导读

本章将对图像的混合、封套扭曲以及描摹进行讲解，包括混合对象、剪切蒙版、封套扭曲以及图像描摹等内容。读者了解并掌握这些基础知识能够更好地利用图像处理软件的功能进行创意设计和图像处理。

学习目标

- 掌握混合对象的操作方法。
- 掌握的剪切蒙版创建方法。
- 掌握封套扭曲的创建方法。
- 掌握图像描摹的操作方法。

素养目标

- 培养创新思维能力，能够在图形设计中灵活运用学到的技能创造出独特的视觉效果。
- 能够从实物、照片中提取元素，并转化为高质量的矢量资源，满足不同媒介和尺寸的输出要求。

案例展示

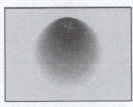
制作弥散效果图形

制作九宫格图像

提取黑白线稿

8.1 混合对象

使用混合工具可以在一个或多个对象之间创建连续的中间形状或颜色等属性的渐变效果。

8.1.1 创建混合

选择目标对象，双击混合工具 ，弹出"混合选项"对话框，如图8-1所示。

该对话框中部分选项的功能如下。

• 间距：设置混合的步骤数，包括"平滑颜色""指定的步数""指定的距离"3个选项。其中，"平滑颜色"选项将自动计算混合的步骤数，"指定的步数"选项可以设置在混合开始与混合结束之间的步骤数，"指定的距离"选项可以设置混合步骤之间的距离。

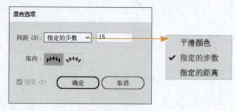

图8-1

• 取向：设置混合对象的方向，包括"对齐页面" 和"对齐路径" 两个选项。

设置完成后，在要创建混合的对象上依次单击即可创建混合效果，按Alt+Ctrl+B组合键也可以实现相同的效果。图8-2、图8-3所示为应用混合前后的对比。

图8-2   图8-3

> **知识链接**
>
> 在使用混合工具创建混合对象时，单击混合对象的锚点可以创建旋转的混合效果，如图8-4所示。
>
>
>
> 图8-4

8.1.2 编辑混合

混合创建后仍可进行编辑，如改变混合中的某个对象的大小、位置或形状，整个混合会相应更新。

1. 调整混合参数

双击混合工具，在弹出的"混合选项"对话框中调整参数，图8-5所示为"平滑颜色"效果，图8-6所示为"指定的距离"为15mm的效果。

图8-5   图8-6

2. 调整混合轴的方向

混合轴是连接混合对象的路径，可以使用相关的路径工具进行编辑。选中混合对象，如图8-7所示，执行"对象>混合>反向混合轴"命令即可改变混合轴的方向，如图8-8所示。

图8-7　　　　　　　　　　　　　　　　图8-8

使用直接选择工具拖动混合轴上的锚点或路径段也可以调整混合轴的方向，图8-9、图8-10所示分别为拖动锚点和路径段的调整效果。

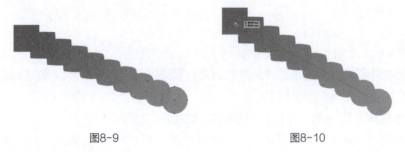

图8-9　　　　　　　　　　　　　　图8-10

3. 调整混合对象的堆叠顺序

混合对象具有堆叠顺序，若想改变混合对象的堆叠顺序，可以使用选择工具选中混合对象，执行"对象>混合>反向堆叠"命令，图8-11、图8-12所示为反向堆叠前后的对比。

图8-11　　　　　　　　　　　　　　图8-12

4. 替换混合对象的混合轴

若文件中存在其他路径，可以选中路径和混合对象，如图8-13所示，执行"对象>混合>替换混合轴"命令，用选中的路径替换混合轴，如图8-14所示。

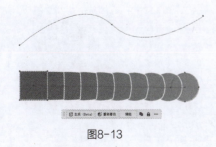

图8-13　　　　　　　　　　　　　　图8-14

5. 释放或扩展混合

释放混合对象会删除混合对象并恢复原始对象。扩展混合对象会将混合分割为一系列不同的对象。选择混合对象，执行"对象>混合>释放"命令，将删除混合对象并恢复原始对象，如图8-15所示。执行"对象>混合>扩展"命令，将混合对象分割为一系列不同的对象，使用直接选择工具和编组选择工具可以分别拖动对象进行调整，如图8-16所示。

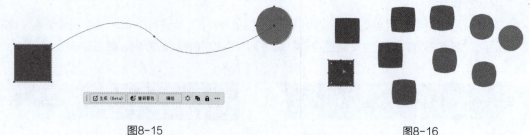

图8-15   图8-16

8.1.3 课堂实操：制作弥散效果图形

实操8-1 | 制作弥散效果图形

微课视频

📦 **实例资源** ▶ \第8章\制作弥散效果图形\弥散图形.ai

本案例将制作弥散效果图形。涉及的知识点有椭圆工具、混合工具、"效果画廊"命令以及模糊效果的应用。具体操作方法如下。

Step 01 选择椭圆工具，按住Shift键绘制圆形，如图8-17所示。

Step 02 再绘制两个圆形，分别填充颜色（#FFC7B6、#FF7F5C），如图8-18所示。

   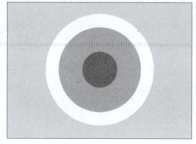

图8-17   图8-18

Step 03 选择所有圆形，以白色圆形为对齐对象，单击"垂直顶对齐"按钮，效果如图8-19所示。

Step 04 双击混合工具，在弹出的"混合选项"对话框中设置参数，如图8-20所示。

Step 05 按Alt+Ctrl+B组合键创建混合，如图8-21所示。

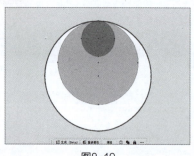      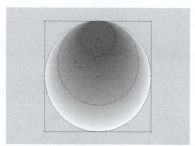

图8-19   图8-20   图8-21

Step 06 执行"效果>效果画廊"命令，在弹出的对话框中选择"纹理>颗粒"效果，如图8-22所示。

Step 07 选择椭圆工具，绘制两个椭圆形并填充颜色（#8FC31F），将它们水平居中对齐，如图8-23所示。

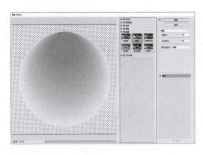

图8-22   图8-23

Step 08 在"路径查找器"对话框中单击"联集"按钮█，效果如图8-24所示。

Step 09 执行"效果>模糊>高斯模糊"命令，在弹出的"高斯模糊"对话框中设置参数，如图8-25所示。调整椭圆形的旋转角度与大小，最终效果如图8-26所示。

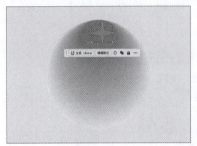

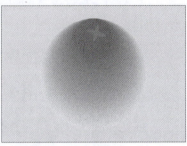

图8-24   图8-25   图8-26

8.2 剪切蒙版

剪切蒙版可以将一个对象的形状或图案限定在另一个对象的范围内，从而实现对象的修饰、填充和遮罩效果。

8.2.1 创建剪切蒙版

置入一张位图，绘制一个矢量图形，按Ctrl+A组合键全选，如图8-27所示；单击鼠标右键，在弹出的菜单中选择"建立剪切蒙版"命令，创建剪切蒙版，效果如图8-28所示。

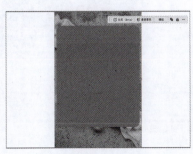

图8-27   图8-28

选中图像，单击"蒙版图像"按钮，如图8-29所示，可以以图像为蒙版。使用直接选择工具拖动锚点可以调整蒙版大小，拖动内部控制点可调整圆角半径，如图8-30所示。

图8-29 图8-30

8.2.2 编辑剪切蒙版

创建剪切蒙版之后，单击鼠标右键，在弹出的菜单中选择"隔离选中的剪切蒙版"命令或者双击蒙版对象进入隔离模式，如图8-31所示。拖动原始位图可以进行调整，如图8-32所示，双击空白处可以退出隔离模式。

图8-31 图8-32

8.2.3 释放剪切蒙版

若要释放剪切蒙版，单击鼠标右键，在弹出的菜单中选择"释放剪切蒙版"命令即可，被释放的剪切蒙版路径的填色和描边为"无"，如图8-33所示。

图8-33

8.2.4 课堂实操：制作九宫格图像

微课视频

实操8-2 制作九宫格图像

📦 **实例资源 ▶** \第8章\制作九宫格图像\春天.jpg

本案例将制作九宫格图像。涉及的知识点有置入图像、绘制矩形、复制、变换、对齐与分布以及建立剪切蒙版。具体操作方法如下。

Step 01 置入素材图像，如图8-34所示。

Step 02 使用矩形工具绘制矩形，如图8-35所示。

图8-34　　　　　　　　　　　图8-35

Step 03 按住Alt键移动复制矩形，按Ctrl+D组合键再次变换，如图8-36所示。

Step 04 加选前两个矩形，按住Alt键向下移动复制，按Ctrl+D组合键再次变换，如图8-37所示。

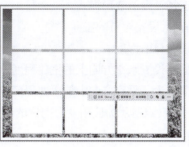

图8-36　　　　　　　　　　　图8-37

Step 05 全选矩形，单击鼠标右键，在弹出的菜单中选择"建立复合路径"命令，效果如图8-38所示。

Step 06 分别单击"水平居中对齐"按钮▤和"垂直居中对齐"按钮▥，效果如图8-39所示。

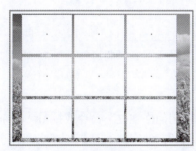
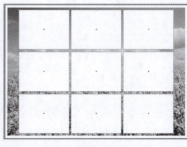

图8-38　　　　　　　　　　　图8-39

Step 07 使用直接选择工具调整圆角半径（7.4mm），如图8-40所示。

Step 08 按Ctrl+A组合键全选内容，单击鼠标右键，在弹出的菜单中选择"建立剪切蒙版"命令，效果如图8-41所示。

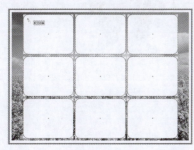

图8-40　　　　　　　　　　　图8-41

8.3 封套扭曲

封套扭曲可以限定对象的形状，使其随着特定封套的变化而变化。在Illustrator中，可以使用3种方式建立封套扭曲：用变形建立、用网格建立以及用顶层对象建立。

8.3.1 用变形建立封套扭曲

选中需要变形的对象，执行"对象>封套扭曲>用变形建立"命令或按Alt+Shift+Ctrl+W组合键，在弹出的"变形选项"对话框中设置变形参数，如图8-42所示。

该对话框中部分选项的功能如下。

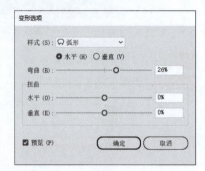

图8-42

- 样式：选择预设的变形样式。
- 水平/垂直：设置对象的扭曲方向。
- 弯曲：设置弯曲程度。
- 水平扭曲：设置水平方向上的扭曲程度。
- 垂直扭曲：设置垂直方向上的扭曲程度。

图8-43、图8-44所示为应用变形前后的对比。

图8-43

图8-44

8.3.2 用网格建立封套扭曲

选中需要变形的对象，执行"对象>封套扭曲>用网格建立"命令或按Alt+Ctrl+M组合键，在弹出的"封套网格"对话框中设置网格行数与列数，如图8-45所示。单击"确定"按钮即可创建网格。可以使用直接选择工具调整网格中的锚点从而使对象变形，如图8-46所示。

图8-45

图8-46

8.3.3 用顶层对象建立封套扭曲

可以使用顶层对象的形状调整下方对象的形状。需要注意的是，顶层对象必须为矢量对象。

选中顶层对象和需要进行封套扭曲的对象，如图8-47所示。执行"对象>封套扭曲>用顶层对象建立"命令或按Alt+Ctrl+C组合键即可创建封套扭曲效果，如图8-48所示。

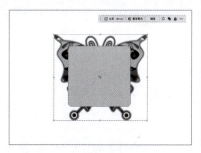 

图8-47　　　　　　　　　　　　　　　图8-48

8.3.4　课堂实操：制作波浪线背景 AIGC

实操*8-3* / 制作波浪线背景

微课视频

📁 **实例资源** ▶ \第8章\制作波浪线背景\波浪.ai

本案例将制作波浪线背景。涉及的知识点有矩形绘制、直线段绘制、复制、再次变换、扩展、封套扭曲以及建立剪切蒙版等。具体操作方法如下。

Step 01 新建A4大小的文件，选择矩形工具，绘制与文件大小相同的矩形并填充颜色（#F9F8C9），如图8-49所示。

Step 02 选择直线段工具，绘制直线段，设置填色为"无"，描边粗细为6pt、颜色为从橙色到黄色的渐变、配置文件为"宽度配置文件2"，如图8-50所示。

图8-49　　　　　　　　　　　　　　　图8-50

Step 03 按住Alt键向下移动复制直线段，如图8-51所示。

Step 04 按住Ctrl+D组合键再次变换，如图8-52所示。

 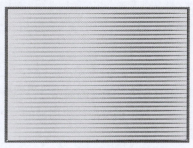

图8-51　　　　　　　　　　　　　　　图8-52

Step 05 按Ctrl+A组合键选中全部图层，执行"对象>扩展外观"命令；执行"对象>扩展"命令，在弹出的"扩展"对话框中单击"确定"按钮，如图8-53所示。

Step 06 执行"对象>封套扭曲>用网格建立"命令，在弹出的"封套网格"对话框中设置参数，如图8-54所示，效果如图8-55所示。

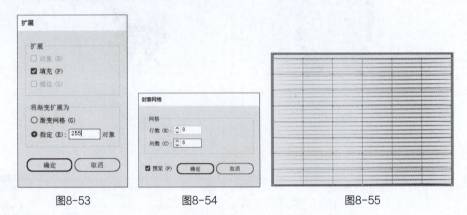

图8-53　　　　　　　　图8-54　　　　　　　　　　图8-55

Step 07 选择比例缩放工具🔲，按住Shift键等比例缩小网格，如图8-56所示。

Step 08 选择直接选择工具，框选第二列锚点，如图8-57所示，按住Shift键依次框选第四列、第六列锚点，如图8-58所示。

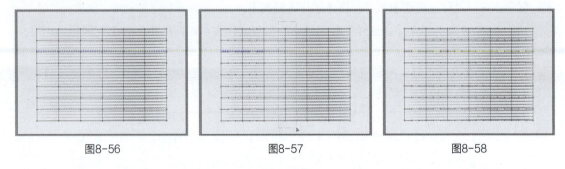

图8-56　　　　　　　　　图8-57　　　　　　　　　图8-58

Step 09 在其中一个锚点上按住鼠标左键并向上拖动，如图8-59所示，然后释放鼠标，效果如图8-60所示。

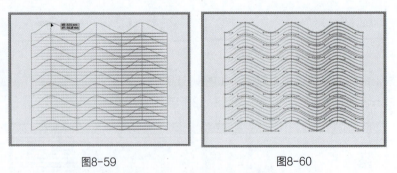

图8-59　　　　　　　　　图8-60

Step 10 选中锚点，如图8-61所示，进行不规则调整，如图8-62所示。

Step 11 使用同样的方法对剩下的锚点进行调整，如图8-63所示。

Step 12 使用选择工具单击波浪线组周围的控制框，选择比例缩放工具🔲，按住Shift键进行等比例放大，如图8-64所示。

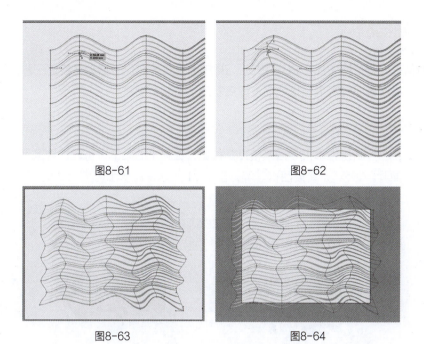

图8-61　　　　　　　　　　　　　图8-62

图8-63　　　　　　　　　　　　　图8-64

Step 13 双击旋转工具 ，在弹出的"旋转"对话框中设置参数，如图8-65所示。

Step 14 选择比例缩放工具 ，按住Shift键进行等比例放大，如图8-66所示。

Step 15 选择矩形工具，绘制与文件大小相同的矩形，如图8-67所示。

Step 16 按住Shift键加选波浪线，单击鼠标右键，在弹出的菜单中选择"建立剪切蒙版"命令，效果如图8-68所示。

图8-65

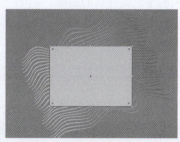

图8-66　　　　　　　图8-67　　　　　　　　　图8-68

Step 17 根据保存的图像，可以利用AIGC工具（如豆包），生成与之风格相符的主体人像效果，如图8-69和图8-70所示。

图8-69　　　　　　　　　　　　　图8-70

8.4 图像描摹

图像描摹可以将位图（如JPEG、PNG、BMP等格式的图像）自动转换成矢量图形。利用此功能，可以通过描摹现有图稿轻松地在该图稿基础上绘制新图稿。

8.4.1 描摹对象

置入位图，在控制栏中单击"描摹预设"按钮，在弹出的菜单中可以选择多种描摹预设，例如"高保真度照片""6色""素描图稿"等，图8-71、图8-72所示为应用"6色"描摹预设前后的对比。

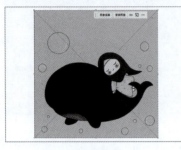

图8-71　　　　　　　　　　图8-72

单击控制栏中的"图像描摹面板"按钮 ▦，弹出"图像描摹"面板，如图8-73所示。

该面板顶部的一排按钮是根据常用工作流命名的快捷按钮。选择描摹预设后可设置实现相关描摹结果所需的全部变量。该面板中常用按钮和选项的含义如下。

- 自动着色 ：从照片或图稿创建色调分离的图像。
- 高色 ：创建具有高保真度的真实感图稿。
- 低色 ：创建简化的真实感图稿。
- 灰度 ：将图稿描摹到灰色背景中。
- 黑白 ：将图像简化为黑白图稿。
- 轮廓 ：将图像简化为黑色轮廓。
- 预设：可设置更多的描摹预设，预设应用效果如图8-74所示。

图8-73

图8-74

- 视图：指定描摹对象的视图。可以选择查看描摹结果、源图像、轮廓等，不同选项的效果如图8-75所示。

| 描摹结果 | 描摹结果(带轮廓) | 轮廓 | 轮廓(带源图像) | 源图像 |

图8-75

- 模式：指定描摹结果的颜色模式，包含"彩色""灰度""黑白"选项。
- 调板：指定用于从原始图像生成彩色或灰度描摹的调板（该选项仅在"模式"设置为"颜色"时可用）。

当描摹结果达到预期时，可以将描摹对象转换为路径。在控制栏中单击"扩展"按钮，即可将描摹对象转换为路径，如图8-76所示。取消编组后删除多余路径，最终效果如图8-77所示。

图8-76

图8-77

执行"对象>路径>简化"命令可以移除多余的锚点以简化路径。若要为描摹结果着色，可以执行"对象>实时上色>建立"命令将其转换为"实时上色"组，然后选择更改颜色。若要放弃描摹但保留置入的图像，可执行"对象>图像描摹>释放"命令释放描摹对象。

8.4.3　课堂实操：提取黑白线稿

实操8-4 提取黑白线稿

微课视频

📦 实例资源 ▶ \第8章\提取黑白线稿\猫.jpg

本案例将提取黑白线稿。涉及的知识点有置入素材、图像描摹以及魔棒工具的应用。具体操作方法如下。

`Step 01` 置入素材，如图8-78所示。

`Step 02` 在上下文任务栏中单击"图像描摹"按钮，如图8-79所示。

图8-78

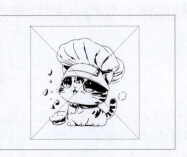

图8-79

Step 03 在控制栏中设置视图为"轮廓"，效果如图8-80所示。

Step 04 在控制栏中单击"扩展"按钮，效果如图8-81所示。

图8-80 图8-81

Step 05 选择矩形工具，绘制矩形，将其置于底层后按Ctrl+2组合键锁定，如图8-82所示。

Step 06 选择魔棒工具，在白色部分单击，如图8-83所示。

图8-82 图8-83

Step 07 按Delete键删除，效果如图8-84所示。

Step 08 隐藏矩形图层，效果如图8-85所示。

图8-84 图8-85

8.5 实战演练：制作线圈文字效果

微课视频

实操**8-5** 制作线圈文字效果

实例资源 ▶ \第8章\制作线圈文字效果\线圈文字.ai

本实战演练将制作线圈文字效果。涉及的知识点有画笔工具、椭圆工具、混合工具以及"替换混合轴"命令的应用。下面将进行操作思路的介绍。

Step 01 选择画笔工具，绘制文字路径，如图8-86所示。

Step 02 选择椭圆工具，绘制宽度和高度均为9mm的圆形，按住Alt键移动复制圆形，选择两个圆形，如图8-87所示。

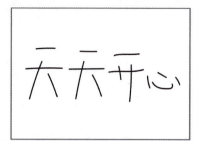

图8-86

图8-87

Step 03 双击混合工具，在弹出的"混合选项"对话框中设置参数，如图8-88所示。

Step 04 按Alt+Ctrl+B组合键创建混合，如图8-89所示。

Step 05 按住Alt键移动复制混合对象15次，如图8-90所示。

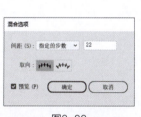

图8-88

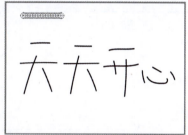

图8-89

图8-90

Step 06 选择一条路径和一个混合轴，如图8-91所示。

Step 07 执行"对象>混合>替换混合轴"命令，效果如图8-92所示。

Step 08 使用相同的方法替换混合轴，效果如图8-93所示。

Step 09 分别选择混合轴，更改混合步数，最终效果如图8-94所示。

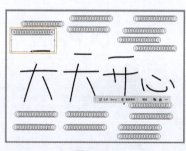

图8-91

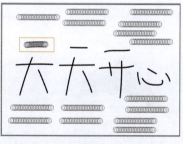

图8-92

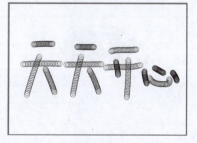

图8-93

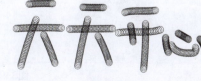

图8-94

8.6 拓展练习

下面练习将文字嵌入图形，效果如图8-95所示。

实操8-6 / 文字嵌入图形

📦 **实例资源** ▶ \第8章\文字嵌入图形\海豚.png

图8-95

技术要点：

- 图像描摹的应用与编辑；
- 封套扭曲的创建。

分步演示：

①置入素材图像并描摹图像，扩展描摹的图像后删除背景；

②使用文字工具输入文字，将文字创建为轮廓后，取消分组；

③使用美工刀工具分割路径；

④分别选择分割路径与文字轮廓，执行"对象>封套扭曲>用顶层对象建立"命令。

分步演示效果如图8-96所示。

图8-96

第 9 章

图表：将数据转化为
视觉元素

内容导读

本章将对图表的创建与编辑进行讲解，包括图表的创建、图表数据的更改、图表类型的变换以及图表的设计。读者了解并掌握这些基础知识能够更加有效地利用图表来展示和分析数据，提升图表制作和编辑能力。

学习目标

- 掌握常见图表的创建方法。
- 掌握图表数据的设置与更改。
- 掌握更换图表类型的方法。
- 掌握图表设计的方法。

素养目标

- 运用图表将复杂的数据转化为直观、易理解的显示形式，提升数据可视化能力。
- 能够根据不同的数据特点和展示需求，灵活调整图表的内容和形式。

案例展示

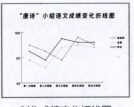

制作成绩变化折线图

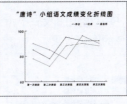

装饰成绩变化折线图

制作市场季度占比饼图

9.1 图表的创建

图表是一种常见的数据可视化方式，常见的图表有柱形图、堆积柱形图、条形图以及堆积条形图等。

9.1.1 柱形图与堆积柱形图

柱形图是最常用的图表之一，矩形的高度对应数值。可以组合显示正值和负值，其中，正值显示为在水平轴上方延伸的矩形，负值显示为在水平轴下方延伸的矩形。下面将对柱形图和堆积柱形图进行介绍。

1. 柱形图

柱形图适用于对比不同类别的数据，在柱形图中可以清晰地看出各类别数据之间的数值差异。选择柱形图工具 📊，按住鼠标左键并拖动可以绘制图表显示范围。若要精确绘制，可以在画板上单击，在弹出的对话框中设置图表的宽度和高度，如图9-1所示。设置完成后单击"确定"按钮，弹出图表数据输入界面，如图9-2所示。

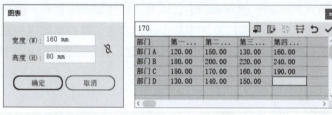

图9-1　　　　　　　　　　　　　　　　图9-2

图表数据输入界面中各按钮的作用如下。

- 导入数据 🖳：单击该按钮将打开"导入图表数据"对话框，用户可从该对话框中选择外部数据文件。

- 换位行/列 🖳：单击该按钮将交换横排和竖排的数据，交换后单击"应用"按钮 ✔方能看到效果。

- 切换x/y 🔄：单击该按钮将调换x轴和y轴的位置。

- 单元格样式 📐：单击该按钮将打开"单元格样式"对话框，用户可以在该对话框中设置单元格的小数位数和列宽度。

- 恢复 ↩：该按钮需在单击"应用"按钮 ✔之前使用，单击该按钮将使文本框中的数据恢复至前一个状态。

- 应用 ✔：单击该按钮即可生成相应的图表，如图9-3所示。

创建图表后若想更改其大小，可以选中图表后单击鼠标右键，在弹出的菜单中选择"变换>缩放"命令，图9-4所示为缩小80%的图表效果。

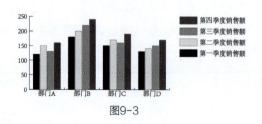

图9-3

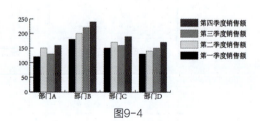

图9-4

若要对图表的外观和标签进行更改，可以使用直接选择工具▷或编组选择工具▷选中图表中的图形、文字进行更改。若要更改颜色，可以按住Shift键选中相同的部分进行统一修改，如图9-5所示。也可以在设置一个部分后使用吸管工具拾取相关属性，再将其应用到其他部分，如图9-6所示。

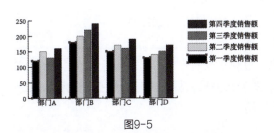

图9-5

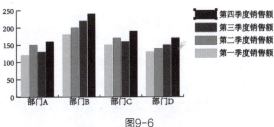

图9-6

2. 堆积柱形图

堆积柱形图与柱形图类似，不同之处在于柱形图只显示单一的数据比较，而堆积柱形图显示多个系列的数据比较，如图9-7所示；堆积柱形图的柱形高度为数据的数值，这些数值必须全部为正数或全部为负数。因此，常用堆积柱形图表示数据总量的比较。

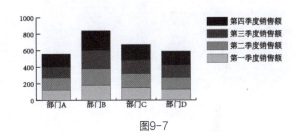

图9-7

9.1.2 条形图与堆积条形图

条形图类似于柱形图，只是柱形图以垂直方向上的矩形显示图表中的各组数据，而条形图以水平方向上的矩形显示图表中的数据。使用条形图工具▤创建的图表如图9-8所示。

堆积条形图类似于堆积柱形图，但是堆积条形图以水平方向的矩形来显示数据总量，与堆积柱形图正好相反，使用堆积条形图工具▤创建的图表如图9-9所示。

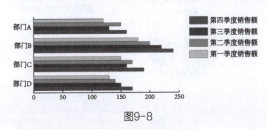

图9-8

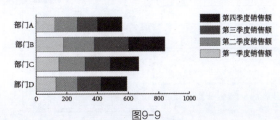

图9-9

9.1.3 其他图表类型

使用图表工具还可以创建其他类型的图表，具体如下。

1. 折线图

折线图也是一种比较常见的图表类型，该图表可以显示某种事物随时间变化的发展趋势，并明显地展现出数据的变化趋势，具有清晰明了的视觉效果，使用折线图工具▱创建的图表如图9-10所示。

2. 面积图

面积图与折线图类似，区别在于面积图是利用折线下的面积而不是折线来表示数据的变化情况。面积图中的数值必须全部为正数或全部为负数。使用面积图工具▱创建的图表如图9-11所示。

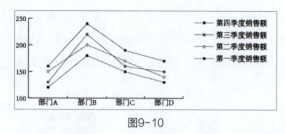
图9-10

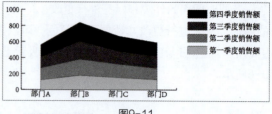
图9-11

3. 散点图

散点图适用于展示两个变量之间的关系，可以通过观察点的分布情况来判断变量之间的相关性。选择散点图工具 ，在画板上单击，在弹出的图表数据输入界面中输入数据，如图9-12所示，单击"应用"按钮 即可生成图表，如图9-13所示。

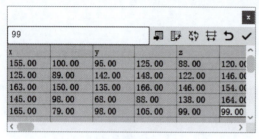
图9-12

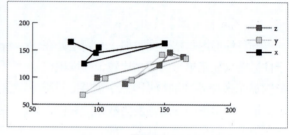
图9-13

4. 饼图

饼图的数据整体显示为一个圆，每组数据按照其在整体中所占的比例以不同颜色的扇形显示出来，适用于展示数据的占比情况，通过不同扇形的面积大小来反映各类别的占比。选择饼图工具 ，在画板上单击，在弹出的图表数据输入界面中输入数据，如图9-14所示，单击"应用"按钮 即可生成图表，如图9-15所示。

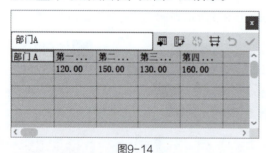
图9-14

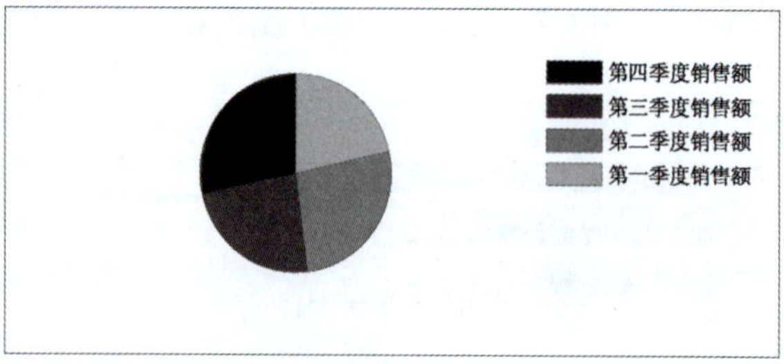

图9-15

知识链接

制作饼图时，图表数据输入界面（见图9-16）中的每行数据都可以生成单独的图表。默认情况下，每个单独饼图的大小与其对应的数据总数成比例，如图9-17所示。

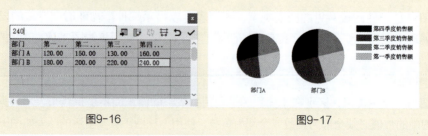
图9-16　　　　　　　　图9-17

5. 雷达图

雷达图常用于对图表中的各组数据进行比较，可以形成比较明显的数据对比，该图表适合表现一些差别很大的数据。选择雷达图工具⊗，在画板上单击，在弹出的图表数据输入界面中输入数据，如图9-18所示，单击"应用"按钮✓即可生成图表，如图9-19所示。

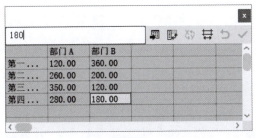

图9-18 图9-19

9.1.4 课堂实操：制作成绩变化折线图

微课视频

实操9-1 制作成绩变化折线图

📦 **实例资源** ▶ \第9章\制作成绩变化折线图\折线图.ai

本案例将制作成绩变化折线图。涉及的知识点有折线图工具、直接选择工具、"缩放"命令以及文字工具的应用。具体操作方法如下。

Step 01 选择折线图工具，在画板中按住鼠标左键并拖动，绘制图表范围，如图9-20所示。

Step 02 在图表数据输入界面中输入数据，如图9-21所示。

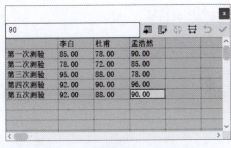

图9-20 图9-21

Step 03 单击"应用"按钮✓即可生成折线图，如图9-22所示。

Step 04 选择折线图，单击鼠标右键，在弹出的菜单中选择"变换>缩放"命令，在"比例缩放"对话框中设置缩放比例为80%，效果如图9-23所示。

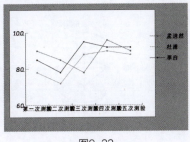

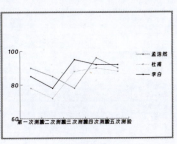

图9-22 图9-23

Step 05 使用直接选择工具框选底部和左侧的文字，更改字号为15pt，效果如图9-24所示。

Step 06 使用直接选择工具框选左侧的文字，更改字号为18pt，效果如图9-25所示。

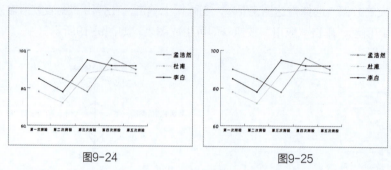

图9-24　　　　　　　　　　图9-25

Step 07 选择图例部分，单击鼠标右键，在弹出的菜单中选择"变换>缩放"命令，在"比例缩放"对话框中设置缩放比例为60%，效果如图9-26所示。

Step 08 使用文字工具输入文字，设置字号为40pt，并将其水平居中对齐，效果如图9-27所示。

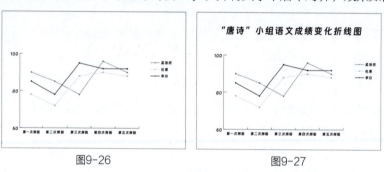

图9-26　　　　　　　　　　图9-27

9.2　图表的编辑

图表的编辑是一个综合的过程，涉及对图表数据的处理、图表类型的选择以及图表设计的优化。

9.2.1　图表数据

图表数据是编辑图表的基础，数据的准确性和完整性直接影响图表的呈现效果。若想修改图表，在图表数据输入界面中输入数据，再单击"应用"按钮即可根据输入的数据修改图表。若关闭了图表数据输入界面，可以选中图表后单击鼠标右键，在弹出的菜单中选择"数据"命令，重新打开图表数据输入界面更改数据，如图9-28所示。单击"应用"按钮即可应用新数据，如图9-29所示。

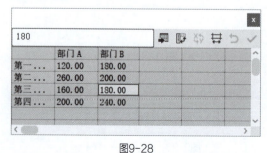

图9-28

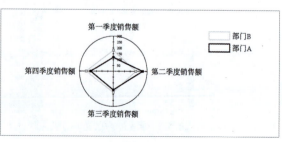

图9-29

9.2.2 图表类型

在选择图表类型时，需要根据数据的特性和展示需求进行综合考虑，选择最合适的图表类型来呈现数据。执行"对象>图表>类型"命令，或选中图表后单击鼠标右键，在弹出的菜单中选择"类型"命令，打开"图表类型"对话框，如图9-30所示。

图9-30

1. 类型

● 图表类型 ⅲⅲⅲⅲⅲⅲⅲⅲ◎⊗：选择目标图表，单击"确定"按钮即可将选中的图表更改为指定的图表类型。

● 数值轴：除了饼图，其他类型的图表都有一个数值坐标轴。"数值轴"下拉列表中包括"位于左侧""位于右侧""位于两侧"3个选项，用于指定图表中数值轴的位置。

知识链接

在"图表类型"对话框顶部的下拉列表中选择"数值轴"选项，如图9-31所示。此时对话框中常用选项的含义如下。

● 刻度值：用于确定数值轴、左轴、右轴、下轴或上轴上的刻度线的位置。勾选"忽略计算出的值"复选框时，将激活下方的3个选项："最小值"选项用于设置坐标轴的起始值，即图表原点的坐标；"最大值"选项用于设置坐标轴的最大刻度值；"刻度"选项用于设置将坐标轴分为多少个部分。

● 刻度线：用于确定刻度线的长度和每个刻度之间刻度线的数量。其中"长度"选项用于确定刻度线长度，包括3个选项，"无"选项表示不使用刻度标记，"短"选项表示使用短的刻度标记，"全宽"选项表示刻度线将贯穿整个图表；"绘制"选项用于确定相邻两个刻度之间刻度线的数量。

● 添加标签：确定数值轴、左轴、右轴、下轴或上轴上的数字的前缀和后缀。其中"前缀"选项用于确定在数值前加的符号，"后缀"选项用于确定在数值后加的符号。

图9-31

---

2. 样式

● 添加投影：勾选该复选框后将在图表中添加阴影效果，以增强图表的视觉效果。

● 在顶部添加图例：勾选该复选框后图例将显示在图表的上方。

● 第一行在前：勾选该复选框后，图表数据输入界面中第一行的数据所代表的图表元素将显示在前面。

● 第一列在前：勾选该复选框后，图表数据输入界面中第一列的数据所代表的图表元素将显示在前面。

3. 选项

除了面积图，其他类型的图表都有一些附加选项可以设置。不同类型图表的附加选项也会有所不同。柱形图、堆积柱形图的"选项"选项组如图9-32所示。条形图、堆积条形图的"选项"选项组如图9-33所示。

- 列宽：设置图表中每个矩形的宽度。
- 条形宽度：设置图表中每个矩形的宽度。
- 簇宽度：设置所有矩形所占据的可用空间。
- 折线图、雷达图的"选项"选项组如图9-34所示。
- 标记数据点：勾选该复选框后，将在每个数据点
上放置方形标记。
- 连接数据点：勾选该复选框后，将在每组数据点
之间生成连线。

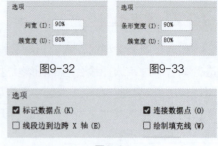

图9-32　　　　　图9-33

图9-34

- 线段边到边跨X轴：勾选该复选框后，将绘制便于观察水平坐标轴的线段。该选项不适用
于散点图。
- 绘制填充线：勾选该复选框后，将激活"线宽"选项。用户可以在"线宽"文本框中输入
线宽的值以调整直线段的粗细，并且"绘制填充线"还会根据该系列数据的规范来确定用何种颜
色填充线段。只有勾选"连接数据点"复选框时，该选项才有效。

饼图的"选项"选项组如图9-35所示。

- 图例：设置图例位置，包括"无图例""标准图
例""楔形图例"3个选项。其中，"无图例"选项将完
全忽略图例；"标准图例"选项将在图表外侧放置列标

图9-35

签，默认选择该选项，将饼图与其他类型的图表组合显示时应选择该选项；"楔形图例"选项将
把标签插入相应的楔形中。

- 排序：设置楔形的排序方式，包括"全部""第一个""无"3个选项。其中，"全部"选项
将在饼图顶部按顺时针方向，从最大值到最小值对所选饼图的楔形进行排列；"第一个"选项将
对所选饼图的楔形进行排序，以便将第一幅饼图中的最大值放置在第一个楔形中，其他按从大
到小的顺序排列。所有其他图表将遵循第一幅图表中楔形的顺序；"无"选项以从图表顶部按顺
时针方向输入值的顺序将所选饼图的楔形排序。

- 位置：设置多个饼图的显示方式，包括"比例""相等""堆积"3个选项。其中，"比例"
选项将按比例调整图表的大小，"相等"选项可让所有饼图都有相同的直径，"堆积"选项将堆积
每个饼图，每个饼图按比例调整大小。

9.2.3　图表设计

图表设计是图表编辑的最后一个环节，好的图表设计应该能够突出数据的关键信息，同时保
持整体的美观和易读性。

选中图形对象，执行"对象>图表>设计"命令，打开"图表设计"对话框，单击"新建设计"
按钮，即可将选中的图形对象新建为图表图案，如图9-36所示。单击"重命名"按钮可以设置
选中图案的名称，以便后续使用，如图9-37所示。完成后单击"确定"按钮，应用设置。

若要应用新建设计，需要选中图表，如图9-38所示，执行"对象>图表>柱形图"命令，或
单击鼠标右键，在弹出的菜单中选择"列"命令，在"图表列"对话框中设置参数，如图9-39
所示。

"图表列"对话框中的"列类型"选项可用于设置不同的显示方式，其下拉列表中各选项的
作用如下。

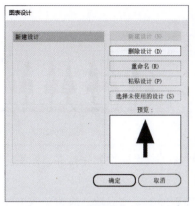

图9-36   图9-37

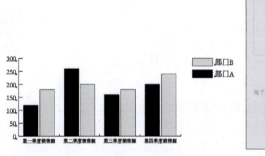

图9-38

图9-39

● 垂直缩放：选择该选项后，将在垂直方向上进行伸展或压缩而不改变宽度，如图9-40所示。

● 一致缩放：选择该选项后，将在水平和垂直方向上同时进行缩放，如图9-41所示。

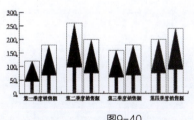

图9-40

图9-41

● 重复堆叠：选择该选项后，将堆积设计以填充柱形。可以指定"每个设计表示"的值，"对于分数"可选择"截断设计"或"缩放设计"。图9-42所示为每一个设计表示100个单位的缩放设计。

● 局部缩放：该选项类似于"垂直缩放"，但可以在设计中指定伸展或压缩的位置，如图9-43所示。

在图表设计过程中，需要注意以下几点。

● 色彩搭配：选择合适的色彩搭配可以突出数据的关键信息，同时增强图表的视觉效果。应避免使用过于花哨或刺眼的颜色，以免影响读者的阅读体验。

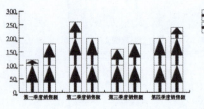
图9-42

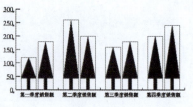
图9-43

● 字体和标签：使用清晰易读的字体，并确保标签的准确性和完整性。标签应该能够清晰地说明数据的含义和单位，避免产生歧义。

● 布局和排版：合理的布局和排版可以使图表更加美观和易读。应避免图表过于拥挤或过于空旷，保持整体的平衡和协调。

● 交互性：对于一些复杂的图表或需要深入探索的数据，可以添加交互功能，如数据筛选等，以便读者更好地理解和分析数据。

9.2.4 课堂实操：装饰成绩变化折线图

实操9-2 / 装饰成绩变化折线图

微课视频

📦 **实例资源** ▶ \第9章\装饰成绩变化折线图\折线图.ai

本案例将装饰成绩变化折线图。涉及的知识点有图表类型、编组选择工具的应用以及重新着色图稿。具体操作方法如下。

Step 01 打开素材文件，选择折线图，单击鼠标右键，在弹出的菜单中选择"类型"命令，打开"图表类型"对话框，勾选"在顶部添加图例"复选框，如图9-44所示，效果如图9-45所示。

Step 02 使用编组选择工具调整图例与折线图的显示效果，如图9-46所示。

图9-44

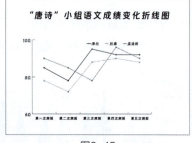
图9-45

Step 03 分别选中折线与图例中的矩形，设置填色为"无"，效果如图9-47所示。

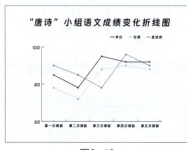
图9-46

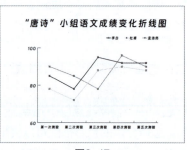
图9-47

Step 04 按住Shift键加选直线段，如图9-48所示。

Step 05 在控制栏中单击"重新着色图稿"按钮 ⚫，在弹出的面板中单击"高级选项"按钮，如图9-49所示。

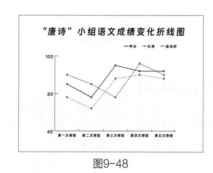

图9-48

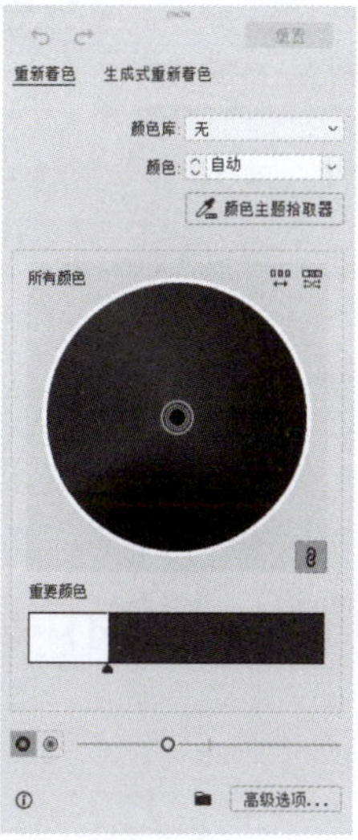

图9-49

Step 06 在"重新着色图稿"对话框中双击 ▬ 按钮，在弹出的"拾色器"对话框中设置颜色，如图9-50所示。

Step 07 设置完成后单击"确定"按钮，返回到"重新着色图稿"对话框，如图9-51所示。

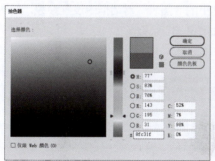

图9-50

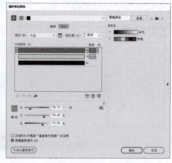

图9-51

Step 08 使用相同的方法在"拾色器"对话框中设置第二个颜色，如图9-52所示。

Step 09 在第三行单击 ▬ 按钮后单击鼠标右键，在弹出的菜单中选择"添加新颜色"命令，双击 ▬ 按钮，在"拾色器"对话框中设置第三个颜色，如图9-53所示。

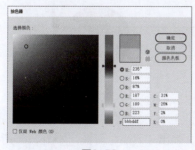

图9-52

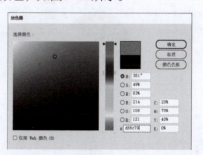

图9-53

Step 10 在第三行单击鼠标右键，在弹出的菜单中选择"移去颜色"命令，效果如图9-54所示。

Step 11 单击"确定"按钮应用效果，选择所有文字，更改填充颜色（#3E3A39），如图9-55所示。

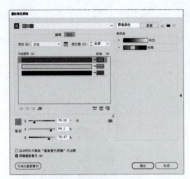

图9-54

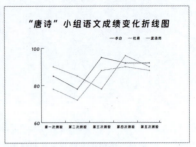

图9-55

微课视频

9.3 实战演练：制作市场季度占比饼图

实操9-3 / 制作市场季度占比饼图

📁 **实例资源** ▶ \第9章\制作市场季度占比饼图\饼图.ai

本实战演练将制作市场季度占比饼图。涉及的知识点有填色与描边，饼图工具、色板、吸管工具、直接选择工具以及文字工具的应用。下面将进行操作思路的介绍。

Step 01 选择饼图工具，在画板上单击，在弹出的"图表"对话框中设置参数，如图9-56所示。

Step 02 在图表数据输入界面中输入数据，如图9-57所示。

图9-56

图9-57

Step 03 单击"应用"按钮 ✔ 即可生成饼图，如图9-58所示。

Step 04 选中饼图，在控制栏中将描边设置为"无"，效果如图9-59所示。

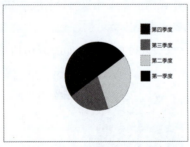

图9-58

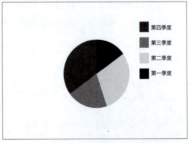

图9-59

Step 05 执行"窗口>色板库>食品>甜品"命令，弹出"甜品"面板，如图9-60所示。

Step 06 使用直接选择工具，选择第一季度的扇形区域和图例，在"甜品"面板中单击第一个颜色即蓝色填充，效果如图9-61所示。

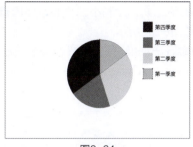

| 图9-60 | 图9-61 |

Step 07 使用相同的方法更改剩下的扇形区域与图例的填充颜色，如图9-62所示。

Step 08 选中饼图后单击鼠标右键，在弹出的菜单中选择"对象>取消编组"命令，在弹出的提示对话框中单击"是"按钮，效果如图9-63所示。

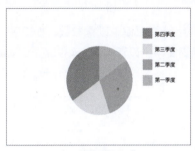

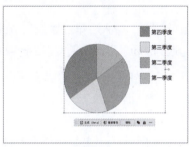

| 图9-62 | 图9-63 |

Step 09 分别选择扇形区域、图例、文字，在上下文任务栏中单击"取消编组"按钮，效果如图9-64所示。

Step 10 选择椭圆工具，按住Shift+Alt组合键绘制以起点为中心的圆形，如图9-65所示。

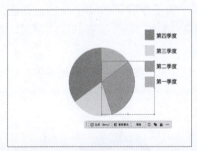

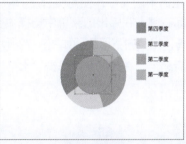

| 图9-64 | 图9-65 |

Step 11 选中饼图和圆形，在"路径查找器"面板中单击"分割"按钮 ，效果如图9-66所示。

Step 12 使用直接选择工具选中中间的圆形，按Delete键将其删除，如图9-67所示。

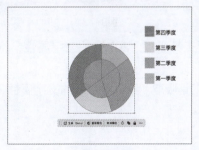

| 图9-66 | 图9-67 |

Step 13 选择钢笔工具，绘制小三角形，加选扇形区域，在"路径查找器"面板中单击"联集"按钮■，效果如图9-68所示。

Step 14 选中所有的扇形区域并进行编组，按Ctrl+C组合键复制，按Ctrl+F组合键粘贴，更改填充颜色（#CCCCCC）后置于底层并调整位置，如图9-69所示。

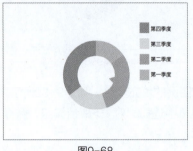

图9-68   图9-69

Step 15 选择文字工具，输入"第二季度"，在"字符"面板中设置参数，如图9-70所示。

Step 16 将字号改为36pt，继续输入文字，选中两组文字，设置颜色为#3E3A39，如图9-71所示。

 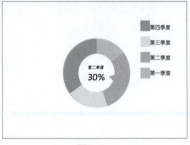

图9-70   图9-71

Step 17 选择图例中的文字，使用吸管工具吸取"第二季度"的文字属性，加选文字旁的矩形编组，单击鼠标右键，在弹出的菜单中选择"变换>缩放"命令，在"比例缩放"对话框中设置缩放比例为80%，将其向下调整，如图9-72所示。

Step 18 全选后编组，在控制栏中单击"水平居中对齐"按钮■，效果如图9-73所示。

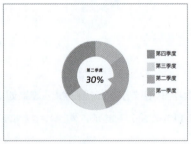 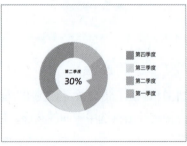

图9-72   图9-73

Step 19 选择文字工具，输入文字，使用吸管工具吸取"30%"的文字属性，将字号更改为30pt，字间距设置为100，效果如图9-74所示。

Step 20 选择文字工具，输入文字，使用吸管工具吸取"第二季度"的文字属性，将字号更改为16pt，字间距设置为100，效果如图9-75所示。

图9-74

图9-75

9.4 拓展练习

下面将练习使用堆积柱形图工具、直接选择工具、"缩放"命令以及文字工具制作门店销售额图表，效果如图9-76所示。

实操9-4 制作门店销售额图表

📦 **实例资源** ▶ \第9章\制作门店销售额图表\堆积图.ai

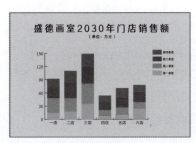

图9-76

技术要点：

- 堆积柱形图工具的使用；
- 图表样式的调整。

分步演示：

①选择堆积柱形图工具，在图表数据输入界面中输入数据；

②单击"应用"按钮生成图表；

③更改堆积柱形图的颜色，设置缩放大小为70%；

④使用文字工具输入文字。

分步演示效果如图9-77所示。

①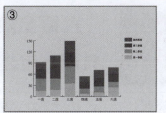

②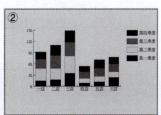

③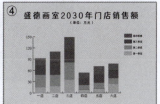

④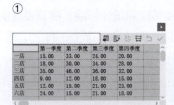

图9-77

第 10 章

效果：特效与外观样式

Ai

内容导读

本章将对效果、图形样式以及"外观"面板进行讲解，包括Illustrator效果、Photoshop效果、图形样式以及外观属性。读者了解并掌握这些基础知识能够简化创作流程，从而更加高效地组织和调整设计元素。

学习目标

- 掌握"效果"菜单中的Illustrator效果的应用。
- 掌握"效果"菜单中的Photoshop效果的应用。
- 掌握图形样式的应用与编辑。
- 掌握外观属性的设置与编辑。

素养目标

- 通过灵活运用效果、图形样式以及外观属性激发创新思维，创造出更具创新性和独特性的设计作品，提升设计的创意水平和艺术价值。
- 能够独立创建、编辑和管理图形样式，通过样式库实现设计元素的一致性与标准化。

案例展示

制作水彩画效果

应用预设文字效果

制作立体像素字效果

10.1 Illustrator效果

Illustrator的"效果"菜单中的Illustrator效果主要用于对图形、图像和文本进行各种创意性的转换和增强。

10.1.1 3D和材质

该效果可以将3D效果、光照和材质应用到2D矢量图形上，并可以在不同的光照方案下查看逼真的纹理。

1. "3D和材质"面板

选择目标对象，执行"效果>3D和材质>凸出和斜角/绕转/膨胀/旋转/材质"命令，打开"3D和材质"面板，如图10-1所示。

（1）对象

在"对象"选项卡中可以选择3D类型，并设置深度、斜角、旋转等参数，如图10-1所示。该选项卡中各选项的功能如下。

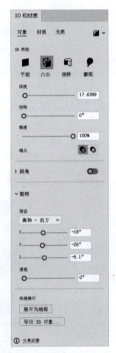

图10-1

- 平面：将对象拼合到平面上。
- 凸出：扩展2D对象，添加深度。
- 绕转：按圆周方向轻扫路径或配置文件。
- 膨胀：膨胀扁平的对象。
- 深度：设置对象的深度，取值范围为0~2000。
- 扭转：设置对象的扭转角度。
- 锥度：可以将对象从100%逐渐缩减到1%。
- 端点：指定对象显示为实心 ◐ 还是空心 ◑。
- 斜角：沿对象的深度应用有斜角的边缘。
- 预设：根据方向、轴和等角应用旋转预设。
- X（垂直旋转）：在垂直方向上旋转对象，取值范围为-180°~180°。
- Y（水平旋转）：在水平方向上旋转对象，取值范围为-180°~180°。
- Z（圆形旋转）：在圆形方向上旋转对象，取值范围为-180°~180°。
- 透视：设置对象的透视角。
- 展开为线框：将对象转换为线框效果。
- 导出3D对象：单击该按钮，弹出"资源导出"面板，生成资源，可以导出GLTF、USDA以及OBJ等格式的文件。

（2）材质

在"材质"选项卡中可对材质和图形常用选项以及其属性进行设置，图10-2所示为材质选项，图10-3所示为图形选项。该选项卡中常用选项和按钮的功能如下。

- 基本材质：默认的预设材质。
- Adobe Substance材质：应用Adobe Substance材质。
- 添加材料和图形 ⊞：添加材质、单个图形或多个图形到画板中。
- 删除：删除材质和图形。
- 基本属性：对基本材质和图形应用粗糙度和金属质感属性，取值范围为0~1。

（3）光照

在"光照"选项卡中可以选择预设的光照效果，并设置强度、颜色、高度等参数，如图10-4所示。该选项卡中常用选项的功能如下。

- 预设：将预先配置好的光照效果（例如标准、扩散、左上或右）快速应用到图稿中。
- 颜色：更改光照颜色。
- 强度：更改所选光源的亮度，取值范围为0%~100%。
- 旋转：旋转对象周围的光线焦点，取值范围为-180°~180°。
- 高度：如果光源较低导致产生的阴影较短，可将光源靠近对象，反之亦然，其取值范围为0°~90°。
- 软化度：确定光线的扩散程度，取值范围为0%~100%。
- 环境光强度：控制全局光线强度，取值范围为0%~200%。
- 暗调：启用时将添加阴影。
- 位置：将阴影应用于"对象背面"或"对象下方"。
- 到对象的距离：调整阴影到对象的距离，取值范围为0%~100%。
- 阴影边界设置：应用阴影的边界，取值范围为10%~400%。

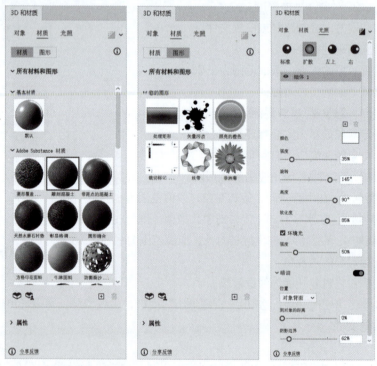

图10-2 　　　　　　　图10-3 　　　　　　　图10-4

知识链接

执行"窗口>3D和材质"命令可以直接打开"3D和材质"面板。

2. 3D（经典）

3D效果可以使对象更加立体。可以通过高光、阴影、旋转及其他属性来控制3D对象的外观，还可以在3D对象的表面添加贴图。常用的3D效果包括"凸出和斜角""绕转""旋转"3种。

（1）凸出和斜角

"凸出和斜角"效果可以沿对象的z轴拉伸出一个2D对象，增加对象的深度，从而产生立体效果。选择目标对象，执行"效果>3D和材质>3D（经典）>凸出和斜角（经典）"命令，弹出"3D凸出和斜角选项（经典）"对话框，如图10-5所示。该对话框中部分常用选项的功能如下。

- 位置：设置对象如何旋转以及观察对象时的透视角度。可以在下拉列表中选择预设的位置选项，也可以在右侧的3个文本框中输入数值来调整旋转角度，或直接进行拖动。

- 透视：设置对象的透视效果。角度为0°时没有任何效果，角度越大透视效果越明显。

- 凸出厚度：设置凸出的厚度。取值范围为0~2000pt。

- 端点：设置对象端点显示为实心 还是空心 。

- 斜角：设置斜角效果。

- 高度：设置高度值，取值范围为1~100pt。"斜角外扩" 用于将斜角添加至对象的原始形状，"斜角内缩" 用于从对象的原始形状砍去斜角。

- 表面：设置表面底纹。选择"线框"时会显示几何形状的对象，其表面透明；选择"无底纹"时不向对象添加任何底纹；选择"扩散底纹"时对象以一种柔和扩散的方式反射光；选择"塑料效果底纹"时对象以一种闪烁的材质模式反光。

- 更多选项：单击该按钮可以在展开的对话框中设置光源强度、环境光、高光强度等参数。

- 贴图：单击该按钮，在弹出的"贴图"对话框中选择表面后选择要用作贴图的符号再进行编辑即可，如图10-6所示。

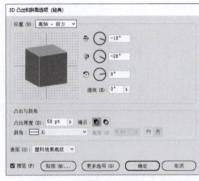

图10-5

图10-6

图10-7和图10-8所示为应用"凸出和斜角"效果前后的对比。

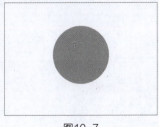

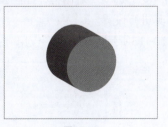

图10-7

图10-8

（2）绕转

"绕转"效果将围绕y轴绕转一条路径或一个剖面，使其做圆周运动，从而创建立体效果。选择目标对象，执行"效果>3D和材质>3D（经典）>绕转（经典）"命令，弹出"3D绕转选项（经典）"对话框，如图10-9所示，效果如图10-10所示。

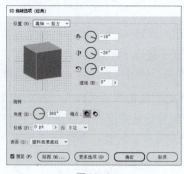

图10-9　　　　　　　　　　　　　图10-10

该对话框中部分常用选项的功能如下。

- 角度：设置绕转角度，取值范围为0°~360°。
- 位移：设置绕转轴和路径之间的距离。
- 自：设置绕转轴位于对象左边或右边。

（3）旋转

"旋转"效果可以在三维空间中旋转对象。选择目标对象，执行"效果>3D和材质>3D（经典）>旋转（经典）"命令，在弹出的对话框中设置参数，如图10-11所示，效果如图10-12所示。

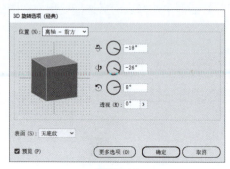

图10-11　　　　　　　　　　　　　图10-12

10.1.2　变形

"变形"效果组中的效果可以使选中的对象在水平或垂直方向上产生变形，这些效果可以应用至对象、对象组和图层中。选中要变形的对象，选择"效果>变形"命令，在其子菜单中选择相应的命令，打开"变形选项"对话框，如图10-13所示。可以在"样式"下拉列表中选择不同的变形效果，并对其进行设置。

图10-14和图10-15所示分别为圆形应用"弧形"样式、"膨胀"样式的效果。

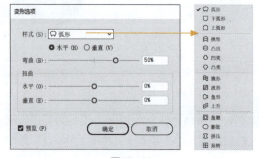

图10-13

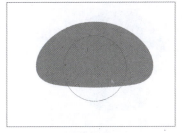

图10-14 　　　　　　　　　 图10-15

10.1.3　扭曲和变换

"扭曲和变换"效果组中的效果可以快速改变对象的形状。该效果组包括"变换""扭拧""扭转""收缩和膨胀""波纹效果""粗糙化""自由扭曲"7个效果，如图10-16所示。

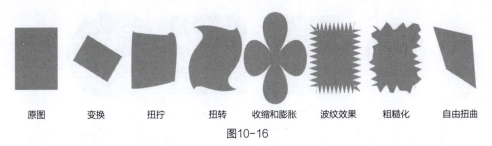

原图　　　　变换　　　　扭拧　　　　扭转　　　收缩和膨胀　　波纹效果　　　粗糙化　　　自由扭曲

图10-16

7种扭曲和变换效果的功能如下。

- 变换：该效果可以缩放、调整、移动或镜像对象。
- 扭拧：该效果可以随机地向内或向外弯曲和扭曲对象。用户可以通过设置"垂直"和"水平"扭曲来控制变形效果。
- 扭转：该效果可以制作顺时针或逆时针扭转对象形状的效果。数值为正时将顺时针扭转，数值为负时将逆时针扭转。
- 收缩和膨胀：该效果将以所选对象的中心点为基点收缩或膨胀对象。数值为正时将膨胀对象，数值为负时将收缩对象。
- 波纹效果：该效果可以在所选对象的边缘产生波纹状的扭曲变形，从而改变对象的形状和外观。
- 粗糙化：该效果可以将对象的边缘变形为各种大小的锯齿，使之看起来更粗糙。
- 自由扭曲：该效果可以通过拖动4个控制点来改变矢量对象的形状。

10.1.4　路径查找器

"效果"菜单中的"路径查找器"效果组中的效果仅可应用于对象组、图层。选择目标编组，如图10-17所示。应用效果后，仍可选择和编辑原始对象，如图10-18所示。也可以使用"外观"面板来修改或删除效果。

知识链接

"效果"菜单中的"路径查找器"子菜单中的命令与"路径查找器"面板中的按钮有所不同，单击"路径查找器"面板中的按钮即创建了最终的形状组合，不可进行再次编辑。

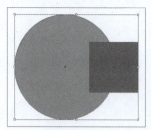

图10-17 图10-18

10.1.5　转换为形状

"转换为形状"效果组中的效果可以将矢量对象转换为矩形、圆角矩形或椭圆形，如图10-19所示。

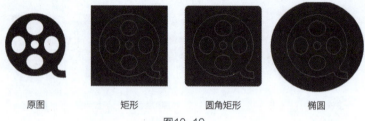

原图　　　矩形　　　圆角矩形　　　椭圆

图10-19

10.1.6　风格化

"风格化"效果组中的效果可以为对象添加特殊的效果，制作出具有艺术感的图像。该效果组中有6种效果，具体如下。

1.　内发光

"内发光"效果可以在对象内侧创建发光效果。选中对象后，执行"效果>风格化>内发光"命令，在弹出的对话框中设置参数，如图10-20所示。

该对话框中常用选项的功能如下。

- 模式：设置内发光的混合模式。
- 不透明度：设置发光的不透明度。
- 模糊：设置要进行模糊处理之处到选区中心或选区边缘的距离。
- 中心：选中该选项时，将创建从选区中心向外扩散的发光效果。
- 边缘：选中该选项时，将创建从选区边缘向内扩散的发光效果。

图10-21、图10-22所示为应用"内发光"效果前后的对比。

图10-20

图10-21 图10-22

2. 圆角

"圆角"效果可以将路径上的尖角转换为圆角。选中对象后，执行"效果>风格化>圆角"命令，在弹出的"圆角"对话框中设置圆角半径，如图10-23所示。单击"确定"按钮应用效果，如图10-24所示。

图10-23   图10-24

3. 外发光

"外发光"效果可以在对象外侧创建发光效果。选中对象后，执行"效果>风格化>外发光"命令，在弹出的"外发光"对话框中设置参数，如图10-25所示。单击"确定"按钮应用效果，如图10-26所示。

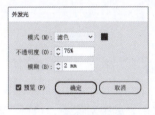

图10-25   图10-26

4. 投影

"投影"效果可以为选中的对象添加阴影。选中对象后，执行"效果>风格化>投影"命令，在弹出的对话框中设置参数，如图10-27所示。单击"确定"按钮应用效果，如图10-28所示。"投影"对话框中部分常用选项的功能如下。

- 模式：设置投影的混合模式。
- 不透明度：设置投影的不透明度，数值越小投影越透明。
- X位移/ Y位移：设置投影偏离对象的距离。
- 模糊：设置要进行模糊处理之处与阴影边缘的距离。
- 颜色：设置阴影的颜色。
- 暗度：设置投影中黑色的深度百分比。

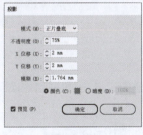

图10-27   图10-28

5. 涂抹

"涂抹"效果可以制作出类似于用彩笔涂画的效果。选中对象后，执行"效果>风格化>涂抹"命令，在弹出的对话框中设置参数，如图10-29所示。单击"确定"按钮应用效果，如图10-30所示。

"涂抹选项"对话框中部分常用选项的功能如下。

- 设置：可以选择一种预设的涂抹效果对对象进行快速涂抹。
- 角度：设置涂抹线条的方向。
- 路径重叠：设置涂抹线条在路径边界内部距路径边界的量或在路径边界外距路径边界的量。取负值时涂抹线条设置在路径边界内部，取正值时则将涂抹线条延伸至路径边界外部。
- 变化：设置涂抹线条之间的相对长度差异。

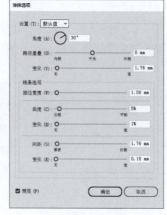

图10-29

图10-30

- 描边宽度：设置涂抹线条的宽度。
- 曲度：设置涂抹线条在改变方向之前的曲度。
- 变化：设置涂抹线条之间的相对曲度差异。
- 间距：设置涂抹线条之间的折叠间距量。
- 变化：设置涂抹线条之间的折叠间距差异量。

6. 羽化

"羽化"效果可以制作出对象边缘渐隐的效果。选中对象后，执行"效果>风格化>羽化"命令，在弹出的对话框中设置羽化半径，如图10-31所示。单击"确定"按钮应用效果，如图10-32所示。

图10-31

图10-32

10.1.7　课堂实操：制作漫画速度线 AIGC

实操 *10-1* 制作漫画速度线

微课视频

📁 **实例资源** ▶ \第10章\制作漫画速度线\速度线.ai

本案例将制作漫画速度线。涉及的知识点有椭圆工具、"扭曲和变换"效果组以及文字工具的应用。具体操作方法如下。

Step 01 选择椭圆工具，按住Shift键绘制圆形，如图10-33所示。

Step 02 执行"效果>扭曲和变换>粗糙化"命令，在弹出的"粗糙化"对话框中设置参数，如图10-34所示，效果如图10-35所示。

Step 03 执行"对象>扩展外观"命令，如图10-36所示。

Step 04 选择矩形工具，绘制矩形，如图10-37所示。

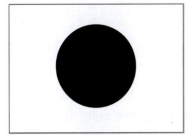
图10-33

图10-34

图10-35

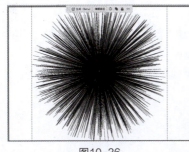

图10-36

图10-37

Step 05 将矩形置于底层,按Ctrl+A组合键全选内容,在"路径查找器"面板中单击"减去顶层"按钮 ,效果如图10-38所示。

Step 06 调整图形大小,如图10-39所示。

Step 07 选择文字工具,输入文字,设置文字居中对齐,效果如图10-40所示。

图10-38

图10-39

图10-40

Step 08 根据保存的背景图像,可以利用AIGC工具(如即梦AI),生成与之相符漫画场景,如图10-41所示为速度冲刺场景效果。

图10-41

10.2 Photoshop效果

除上一节介绍的Illustrator效果外,Illustrator还提供了一组特别的效果,即Photoshop效果，包含一系列与Photoshop中的效果类似的效果。使用这些效果不仅可以在对象上实现更多具有创意的视觉效果，还可以保持对象的可编辑性和可缩放性。

10.2.1 效果画廊

Illustrator中的效果画廊其实就是Photoshop中的滤镜库。效果画廊中包含常用的6组效果，可以非常方便、直观地为对象添加效果。执行"效果>效果画廊"命令，弹出效果画廊，如图10-42所示。

图10-42

10.2.2 像素化

"像素化"效果组中的效果通过将颜色值相近的像素集结成块来清晰地定义一个选区。选择"效果>像素化"命令，其子菜单中有4种效果，它们的应用效果如图10-43所示。

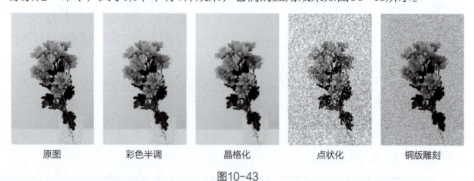

| 原图 | 彩色半调 | 晶格化 | 点状化 | 铜版雕刻 |

图10-43

"像素化"效果组中各效果的功能如表10-1所示。

表 10-1

名称	功能描述
彩色半调	模拟在图像的每个通道上使用放大的半调网屏的效果
晶格化	将颜色集结成块，形成多边形
点状化	将图像中的颜色分解为随机分布的网点，如同点状化绘画一样，并使用背景色填充网点之间的画布区域
铜版雕刻	将图像转换为黑白区域的随机图案，或将彩色图像转换为完全饱和颜色的随机图案

10.2.3 扭曲

"扭曲"效果组中的效果可以扭曲图像。选择"效果>扭曲"命令，其子菜单中有3种效果，它们的应用效果如图10-44所示。

玻璃　　　　　　海洋波纹　　　　　扩散亮光

图10-44

"扭曲"效果组中各效果的功能如表10-2所示。

表10-2

名称	功能描述
玻璃	使图像看起来像是透过不同类型的玻璃显示的
海洋波纹	将随机分隔的波纹添加到图像表面，使图像看上去像是在水中
扩散亮光	使图像看起来像是透过一个柔和的扩散滤镜显示的

10.2.4 模糊

"模糊"效果组中的效果可以使图像产生一种朦胧的效果。选择"效果>模糊"命令，其子菜单中有3种效果，它们的应用效果如图10-45所示。

"模糊"效果组中各效果的功能如表10-3所示。

径向模糊　　　　　特殊模糊　　　　　高斯模糊

图10-45

表10-3

名称	功能描述
径向模糊	通过在图像的中心点向外扩展模糊，使得对象看起来像是在快速移动或旋转，从而营造出动态感和运动感
特殊模糊	使图像的细节颜色呈现出平滑的模糊效果
高斯模糊	均匀柔和地快速模糊图像，使画面看起来具有朦胧感

10.2.5 画笔描边

"画笔描边"效果组中的效果用于模拟不同的画笔或油墨笔刷的勾画效果，从而使图像产生手绘效果，可以对图像增加颗粒、杂色、边缘细线或纹理，以得到点画效果。图10-46所示分别为各种画笔描边效果的应用。

| 喷溅 | 喷色描边 | 墨水轮廓 | 强化的边缘 | 成角的线条 | 深色线条 | 烟灰墨 | 阴影线 |

图10-46

"画笔描边"效果组中各效果的功能如表10-4所示。

表10-4

名称	功能描述
喷溅	模拟笔墨喷溅的艺术效果
喷色描边	使用图像的主导色，用成角的、喷溅的颜色线条重新绘制图像
墨水轮廓	模拟手绘风格，使图像呈现出像是用钢笔或墨水绘制的外观，通常用于将原始图像转换为具有细腻线条和轮廓的艺术风格
强化的边缘	用于强化图像边缘。当设置高的边缘亮度控制值时，强化效果类似于白色粉笔；而设置低的边缘亮度控制值时，强化效果则类似于黑色油墨
成角的线条	使用对角描边重新绘制图像，用一个方向的线条绘制图像的亮区，用相反方向的线条绘制暗区
深色线条	用短线条绘制图像中接近黑色的暗区，用长的白色线条绘制图像中的亮区
烟灰墨	通过计算图像中像素的分布对图像进行概括性的描述，进而产生用饱含黑色墨水的画笔在宣纸上进行绘画的效果，也被称为书法滤镜
阴影线	保留原始图像的细节和特征，同时使用模拟的铅笔阴影线添加纹理，并使彩色区域的边缘变粗糙

10.2.6 素描

"素描"效果组中的效果可以为图像增加纹理，以模拟素描、速写等艺术效果，也可以在图像中加入底纹，从而产生三维效果。图10-47所示分别为素描效果的应用。

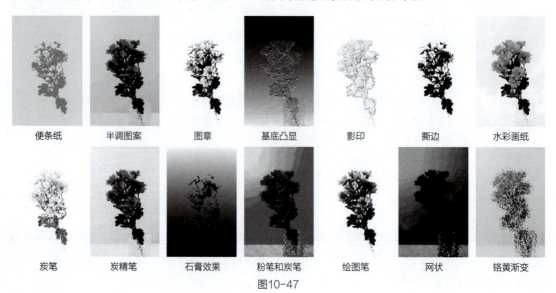

| 便条纸 | 半调图案 | 图章 | 基底凸显 | 影印 | 撕边 | 水彩画纸 |
| 炭笔 | 炭精笔 | 石膏效果 | 粉笔和炭笔 | 绘图笔 | 网状 | 铬黄渐变 |

图10-47

素描效果组中各效果的功能如表10-5所示。

表10-5

名称	功能描述
便条纸	将彩色的图像模拟出灰白色的浮雕效果
半调图案	在保持连续的色调范围的同时，模拟半调网屏的效果
图章	简化图像，使之呈现用橡皮或木制图章盖印的样子
基底凸现	变换图像，使其呈现浮雕效果，深色区域处理为黑色，亮色区域处理为白色
影印	模拟影印图像效果，暗区主要复制边缘，中间色调为纯黑或纯白
撕边	模拟类似撕破的纸张效果
水彩画纸	模拟水彩画在湿润纤维纸上绘制时颜色的流动、混合以及产生的效果
炭笔	模拟制作黑色炭笔绘画的纹理效果
炭精笔	在图像上模拟纯黑和纯白的炭精笔纹理效果，呈现炭精笔绘制的质感
石膏效果	使图像呈现石膏画效果，暗区凸起，亮区凹陷
粉笔和炭笔	制作粉笔和炭笔相结合的质感效果
绘图笔	模拟制作绘图笔绘制的草图效果
网状	使图像在阴影区域呈现块状，在高光区呈现为颗粒
铬黄渐变	模拟制作发亮金光液体的金属质感

10.2.7 纹理

"纹理"效果组中的效果可以为图像添加深度感或材质感，主要功能是在图像中添加各种纹理，为设计作品增加立体感、历史感或是抽象的艺术风格。图10-48所示分别为纹理效果的应用。

拼缀图　　　　染色玻璃　　　　纹理化　　　　颗粒　　　　马赛克拼贴　　　　龟裂缝

图10-48

"纹理"效果组中各效果的功能如表10-6所示。

表10-6

名称	功能描述
拼缀图	将图像拆分成多个规则排列的小方块，并选用图像中的颜色对各方块进行填充，以产生一种类似于建筑拼贴瓷砖的效果
染色玻璃	将图像重新绘制为用前景色勾勒的单色玻璃效果

名称	功能描述
纹理化	将选择或创建的纹理应用于图像
颗粒	向图像中添加颗粒状的噪点，以模拟胶片颗粒、画布纹理或打印时的颗粒效果
马赛克拼贴	将图像转化为类似于马赛克瓷砖拼贴的效果，通常会呈现出一定的浮雕质感
龟裂缝	模拟类似于石膏表面上的精细网状裂缝效果

10.2.8　艺术效果

"艺术效果"组中的效果用于制作不同风格的艺术纹理和绘画效果。它们可以为作品添加艺术特色，图10-49所示分别为艺术效果的应用。

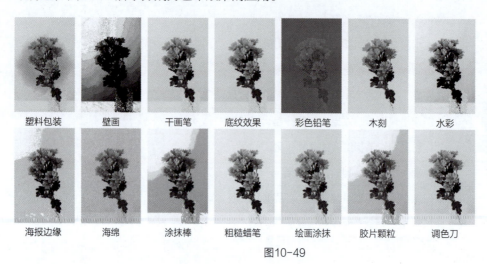

图10-49

"艺术效果"组中各效果的功能如表10-7所示。

表 10-7

名称	功能描述
塑料包装	使图像产生表面质感明显并富有立体感的塑料包装效果
壁画	以一种粗糙的方式使用短而圆的描边绘制图像
干画笔	模拟使用干燥的画笔绘制图像边缘的效果
底纹效果	模拟制作水浸底纹的效果
彩色铅笔	模拟彩色铅笔绘制的效果，呈现出柔和的色彩和细腻的线条
木刻	可将画面处理为木质雕刻的质感效果
水彩	模拟水彩画的效果，即以水彩画的风格绘制图像，并简化图像细节
海报边缘	将图像海报化，并在图像的边缘添加黑色描边以改变图像的质感
海绵	模拟制作出海绵浸水的效果
涂抹棒	使画面呈现出模糊和浸染的效果
粗糙蜡笔	模拟蜡笔的粗糙质感
绘画涂抹	模拟出优化的细腻涂抹质感

名称	功能描述
胶片颗粒	将平滑图案应用于图像的暗色调和中间色调
调色刀	模拟使用调色刀制作的效果，以增强图像的绘画质感
霓虹灯光	模拟霓虹灯光的效果，将各种类型的灯光添加到图像中的对象上

10.2.9 课堂实操：制作水彩画效果

实操*10-2* 制作水彩画效果

微课视频

实例资源 ▶ \第10章\制作水彩画效果\花.jpg

本案例将制作水彩画效果。涉及的知识点有扭曲效果、艺术效果、画笔描边效果、纹理效果、描摹图像以及透明度的应用。具体操作方法如下。

Step 01 置入素材图像，如图10-50所示。

Step 02 在"图层"面板中拖动图像图层至"创建新图层"按钮⊞上，复制图层，隐藏原图像图层，如图10-51所示。

图10-50

图10-51

Step 03 执行"效果>扭曲>玻璃"命令，在效果画廊中设置"纹理"为"画布"，如图10-52所示。

图10-52

Step 04 执行"效果>艺术效果>绘画涂抹"命令，在效果画廊中设置参数，如图10-53所示。

Step 05 执行"效果>画笔描边>成角的线条"命令，在效果画廊中设置参数，如图10-54所示。

Step 06 执行"效果>纹理>纹理化"命令，在效果画廊中设置参数，如图10-55所示。

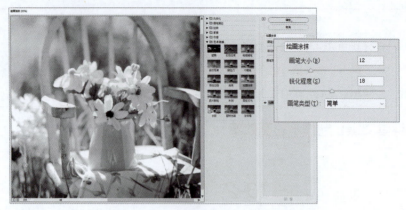

图10-53

图10-54

图10-55

Step 07 在"图层"面板中复制隐藏的图层,将复制的图层移动至顶层后显示该图层,如图10-56所示。

Step 08 在控制栏中单击"描摹预设"按钮,选择"3色",效果如图10-57所示。

图10-56

图10-57

Step 09 执行"窗口>透明度"命令，在"透明度"面板中设置混合模式为"叠加"，"不透明度"为47%，如图10-58所示。

Step 10 在控制栏中单击"扩展"按钮，效果如图10-59所示。

图10-58   图10-59

10.3 图形样式

Illustrator允许用户将预设的样式效果快速应用到图形上，这极大地提高了设计效率。

10.3.1 "图形样式"面板

"图形样式"面板中包含多种预设的样式，执行"窗口>图形样式"命令，打开"图形样式"面板，如图10-60所示。将目标样式拖放至图形中即可应用样式，图10-61所示为应用前后的对比效果。

图10-60

图10-61

🔗 **知识链接**

要更清晰地查看图形样式，或者在选定的对象上预览图形样式，可以在"图形样式"面板中鼠标右键单击样式的缩览图并查看出现的大型弹出式缩览图，如图10-62所示。

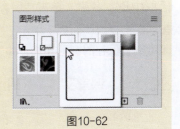

图10-62

10.3.2 添加预设样式

"图形样式"面板中仅展示了部分图形样式，选择"窗口>图形样式库"命令或单击"图层样式"面板左下角的"图形样式库菜单"按钮 🖪，展开样式菜单，如图10-63所示。任选一个命令即可弹出对应的面板，图10-64和图10-65所示分别为"图像效果"面板和"艺术效果"面板。

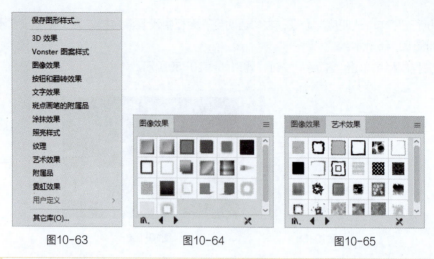

图10-63　　　　　　　　图10-64　　　　　　　　图10-65

10.3.3　编辑图形样式

选中一个设置好样式的对象，如图10-66所示。单击"图形样式"面板中的"新建图形样式"按钮⊞，创建新的图形样式，此时新建的图形样式显示在"图形样式"面板中，如图10-67所示。

若要重命名图形样式，可以双击该样式，在弹出的"图形样式选项"对话框中进行设置，如图10-68所示。若要删除图形样式，可以直接在"图形样式"面板中单击"删除图形样式"按钮🗑。若要断开图形样式的链接，可以单击"图形样式"面板中的"断开图形样式链接"按钮🔗。

选中需要保存的图形样式，单击☰按钮，在弹出的菜单中选择"存储图形样式库"命令，在弹出的"将图形样式存储为库"对话框中设置名称，单击"保存"按钮即可。

图10-66　　　　　　　图10-67

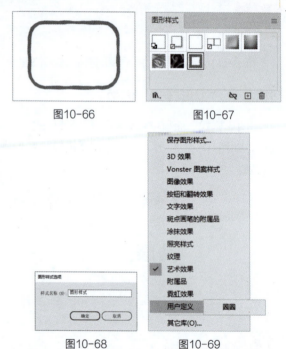

图10-68　　　　　　图10-69

在"图形样式"面板中单击"图形样式库菜单"按钮🔖，在弹出的菜单中选择"用户定义"命令即可查看保存的图形样式，如图10-69所示。

10.3.4　课堂实操：应用预设文字效果

实操10-3　应用预设文字效果

微课视频

📁 **实例资源** ▶ \第10章\应用预设文字效果\文字效果.ai

本案例将应用预设文字效果。涉及的知识点有文字工具、"图形样式"面板、"重新着色图稿"按钮以及拾色器等的应用。具体操作方法如下。

Step 01 选择文字工具，在"字符"面板中设置参数，如图10-70所示。

Step 02 输入文字，设置文字水平、垂直居中对齐，如图10-71所示。

Step 03 按Ctrl+C组合键复制文字，按Ctrl+F组合键原位粘贴文字，在"图层"面板中隐藏上方文字图层，如图10-72所示。

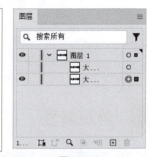

图10-70　　　　　　　　　图10-71　　　　　　　　　图10-72

Step 04 在"图形样式"面板中单击"图形样式库菜单"按钮 ▥，在弹出的菜单中选择"文字效果"命令，打开"文字效果"面板，如图10-73所示。

Step 05 在"文字效果"面板中单击"金属金"效果，如图10-74所示，效果如图10-75所示。

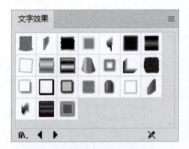

图10-73　　　　　　　　　图10-74　　　　　　　　　图10-75

Step 06 在控制栏中单击"重新着色图稿"按钮，在弹出的面板中设置颜色，如图10-76所示，效果如图10-77所示。

Step 07 在"图层"面板中显示隐藏的文字图层，选择文字后，在工具栏中双击"填色"按钮，在弹出的"拾色器"对话框中设置颜色（#DD1B40），效果如图10-78所示。

Step 08 按住Alt键移动复制文字，选中复制的文字，可对其颜色、内容以及大小进行更改，效果如图10-79所示。

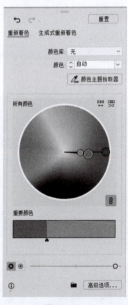

图10-76　　　　　　　　　图10-77

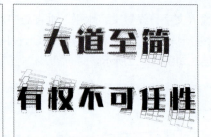

图10-78 图10-79

10.4 外观属性

在"外观"面板中可以更改Illustrator中的对象、对象组或图层的外观属性，包括对象的描边、填色、效果等。

10.4.1 "外观"面板

执行"窗口>外观"命令或按Shift+F6组合键即可打开"外观"面板，选中对象后，该面板中将显示对象的外观属性，如图10-80所示。

该面板中部分按钮的作用如下。

- 菜单按钮☰：打开菜单以执行相应的命令。
- 单击以切换可视性👁：显示或隐藏属性或效果。
- 添加新描边▢：为选中对象添加新的描边。
- 添加新填色▣：为选中对象添加新的填色。
- 添加新效果fx.：为选中对象添加新的效果。
- 清除外观⊘：清除选中对象的所有外观属性与效果。
- 复制所选项目⊞：复制选中的属性。
- 删除所选项目🗑：删除选中的属性。

图10-80

10.4.2 编辑外观属性

通过"外观"面板，可以修改对象的现有外观属性，如对象的填色、描边、不透明度以及效果等。

1. 填色

在"外观"面板中单击"填色"色块▣，在弹出的面板中选择合适的颜色即可替换当前选中对象的填色，如图10-81所示。也可以按住Shift键单击"填色"色块，在弹出的界面中自定义颜色，如图10-82所示。

图10-81

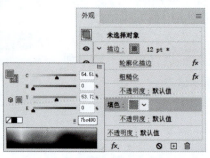

图10-82

2. 描边

选中对象后，单击"外观"面板中的"描边"色块■可以重新设置该描边的颜色与粗细。单击"描边"按钮 描边：，在弹出的面板中可设置描边参数，如图10-83所示。

3. 不透明度

一般来说，对象的不透明度为默认值，可以单击"不透明度"按钮 不透明度：，在打开的面板中调整对象的不透明度、混合模式等参数，如图10-84所示。"外观"面板中也有相应显示，如图10-85所示。

图10-83

图10-84

图10-85

4. 效果

单击"外观"面板中的"添加新效果"按钮 fx，在弹出的菜单中选择命令即可为选中的对象添加对应的效果，如图10-86所示。若想对对象已添加的效果进行修改，可以在"外观"面板中单击效果的名称打开相应的对话框进行修改。

10.4.3 管理外观属性

除了可以添加外观属性，还可以调整外观属性的顺序、复制外观属性以及删除外观属性等。

1. 调整外观属性的顺序

在"外观"面板中，可以调整不同属性的排列顺序，使选中的对象呈现出不一样的效果。选中要调整顺序的属性，按住鼠标左键拖动至合适位置，此时"外观"面板中将出现一条蓝色粗线，如图10-87所示。松开鼠标即可改变其顺序，如图10-88所示。调整前后的对比效果如图10-89所示。

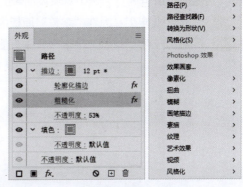
图10-86

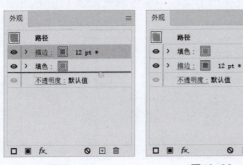
图10-87　　　　　　图10-88

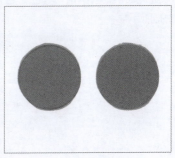
图10-89

2. 复制/删除外观属性

在"外观"面板中，选择需要复制的属性，直接单击"复制所选项目"按钮⊞即可，或者单击菜单按钮☰，在弹出的菜单中选择"复制项目"命令，如图10-90所示。

删除外观属性时可以单击"删除所选项目"按钮🗑，也可以单击菜单按钮☰，在弹出的菜单中选择"移去项目"命令。

3. 清除外观属性

若要删除所有外观属性，包括填色或描边，可以单击"清除外观"按钮⊘，效果如图10-91所示，也可以单击菜单按钮☰，在弹出的菜单中选择"清除外观"命令。

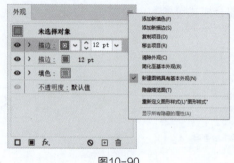

图10-90

图10-91

10.4.4 课堂实操：制作多重文字描边效果

实操*10-4* | 制作多重文字描边效果

微课视频

实例资源 ▶ \第10章\制作多重文字描边效果\文字描边.ai

本案例将制作多重文字描边效果。涉及的知识点有文字工具和"外观"面板等的应用。具体操作方法如下。

Step 01 选择文字工具，在"字符"面板中设置参数，如图10-92所示。

Step 02 输入文字，设置文字水平、垂直居中对齐，如图10-93所示。

图10-92

图10-93

Step 03 选择文字，在"外观"面板中单击"添加新描边"按钮▢，效果如图10-94所示。

Step 04 按住Shift键单击"填色"色块▨，在弹出的面板中设置填充颜色（#F9F0D8），效果如图10-95所示。

图10-94

图10-95

Step 05 调整外观属性的顺序，如图10-96所示。

Step 06 设置描边颜色（#B2C9A5），再设置描边粗细为16pt，效果如图10-97所示。

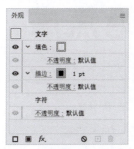

图10-96

图10-97

Step 07 在"外观"面板中单击"描边"按钮 描边：，在弹出的面板中设置端点为"圆头端点" ，边角为"圆角连接" ，如图10-98所示，效果如图10-99所示。

Step 08 在"外观"面板中单击"添加新描边"按钮 ，选择底层描边，设置颜色为#648C78、粗细为40pt，如图10-100所示。

Step 09 等比例放大文字，效果如图10-101所示。

图10-98

图10-99

图10-100

图10-101

10.5 实战演练：制作立体像素字效果

微课视频

实操 *10-5* / 制作立体像素字效果

🗄 **实例资源** ▶ \第10章\制作立体像素字效果\立体像素字.ai

　　本实战演练将制作立体像素字效果。涉及的知识点有文字工具的应用、创建轮廓、栅格化对象、创建马赛克效果、编组选择工具的应用以及3D效果的应用。下面将进行操作思路的介绍。

Step 01 选择文字工具，输入文字，在"字符"面板中设置参数，如图10-102所示。

Step 02 设置填充颜色（#00913A），效果如图10-103所示。

图10-102　　　　　　　　　　　　　图10-103

Step 03 按Shift+Ctrl+O组合键创建轮廓，效果如图10-104所示。

Step 04 执行"对象>栅格化"命令，在弹出的"栅格化"对话框中设置参数，如图10-105所示。

图10-104　　　　　　　　　　　　　图10-105

Step 05 执行"对象>创建对象马赛克"命令，在弹出的"创建对象马赛克"对话框中设置参数，如图10-106所示，效果如图10-107所示。

图10-106　　　　　　　　　　　　　图10-107

Step 06 在"图层"面板中隐藏原始文字图层，如图10-108所示。

Step 07 使用魔棒工具单击白色的部分，如图10-109所示。按Delete键将其删除。

图10-108　　　　　　　　　　　　　图10-109

Step 08 使用魔棒工具将浅色部分的色块删除，如图10-110所示。

Step 09 选择编组选择工具，选择部分色块后编组，然后将其删除，如图10-111所示。

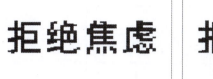

图10-110　　　　　　　　　　图10-111

Step 10 添加粗细为0.25pt的描边（#006000），如图10-112所示。

Step 11 执行"效果>3D和材质>3D（经典）>凸出和斜角（经典）"命令，在弹出的"3D凸出和斜角选项（经典）"对话框中设置参数，如图10-113所示，效果如图10-114所示。

Step 12 在控制栏中单击"重新着色图稿"按钮 ⚫，在弹出的对话框中调整饱和度参数，效果如图10-115所示。

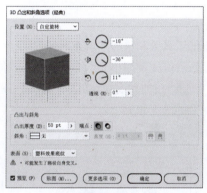

图10-112　　　　　　　　　　图10-113

图10-114　　　　　　　　　　图10-115

10.6　拓展练习

下面将练习使用星形工具、混合工具以及扭曲和变换命令制作鲜花盛放的效果，如图10-116所示。

📦 **实例资源** ▶ \第10章\制作繁花似锦\花.ai

图10-116

技术要点：
- 图形之间的混合；
- 扭曲和变换命令的应用。

分步演示：

①使用星形工具绘制星形并填充渐变效果；

②复制星形后等比例缩小，选择两个星形，使用混合工具创建指定步数的混合效果；

③执行"效果>扭曲和变换>扭拧"命令，设置扭曲效果；

④调整花朵的渐变和大小。

分步演示效果如图10-117所示。

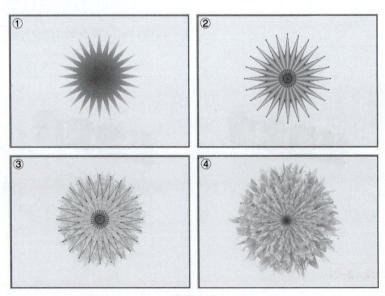

图10-117

第 11 章

标志的设计与制作

Ai

内容导读

本章将对标志的设计与制作进行讲解，包括标志的作用、标志的三要素、标志设计的特征以及标志设计的表现形式。读者了解并掌握这些基础知识可以更好地进行标志设计实践，为品牌或组织制作出具有识别度的视觉标志，进一步提升品牌或组织的形象和市场竞争力。

学习目标

- 了解标志的作用。
- 熟悉标志设计的特征。
- 掌握标志的三要素。
- 掌握标志设计的表现形式。

素养目标

- 培养对视觉艺术的敏锐感知力和审美能力，能够准确捕捉和把握不同元素之间的美学关系，从而创作出既符合品牌理念又具有艺术感染力的标志作品。
- 培养对细节的关注和精益求精的精神，能够在设计中不断追求完美和卓越，确保标志的每一个元素都经过精心打磨和推敲。

案例展示

标志图形部分效果

标志文字部分效果

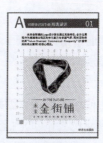

标志模板样式

11.1　标志设计概述

标志设计是指通过独特的符号、文字、颜色和形状等元素的组合创造出一个既能够代表某个品牌、企业、组织或个人身份，又能够传达其核心价值、理念或所属行业特征的图形标志。图11-1所示为主流国产手机品牌Logo。

图11-1

11.1.1　标志的作用

标志作为品牌、企业或组织的视觉象征，承载着多重作用和意义。

1. 身份标识

标志最直接的作用是作为一个识别符号，可以帮助人们快速地识别或区分不同的个体或事物。例如，品牌标志可以帮助消费者在众多商品中迅速识别出自己熟悉或喜欢的品牌。

2. 信息传递

标志可以传达品牌的文化、理念、产品或服务的特点等信息，使消费者对品牌有更深入的了解和认识。这些信息可以帮助消费者更好地理解和接受品牌，从而提高对品牌的了解和忠诚度。

3. 形象塑造

标志是品牌形象的核心部分，具有高度的可识别性。一个好的标志可以使消费者在短时间内记住并识别品牌，帮助品牌在竞争激烈的市场中脱颖而出。标志通常具有独特性和简洁性，能够通过图形、色彩、文字等元素的组合表现品牌的独特气质和价值观念。

4. 品牌推广

标志可以作为品牌的视觉代表在各种媒介和场合中展示，帮助品牌扩大知名度和影响力。同时，标志也可以与品牌的其他元素（如口号、广告等）相互呼应，共同构建品牌的形象和认知。

5. 传递价值

一个好的标志能够塑造企业的正面形象，提升品牌的价值，增强消费者对品牌的认同感和忠诚度。同时，标志也代表着特定组织或团体的身份，有助于人们建立联系，形成共同的价值观。

11.1.2　标志的三要素

标志的三要素通常指的是图形、文字以及颜色，这3个元素是构建一个有效且具有辨识度的标志不可或缺的部分。

1. 图形

图形是标志中使用的形状、图案或图像，是最直观的视觉元素。图形可以采用具象的艺术手法，如图11-2所示的腾讯QQ的企鹅形象，不仅生动可爱，易于识别和记忆，而且成功地传达了腾讯QQ的品牌特性和理念。图形还可以采用抽象的艺术手法，提炼出蕴含品牌精髓的概念形态，如图11-3所示的微信的对话气泡组。设计师应通过独特的形状和结构来表现品牌的特性和理念，使标志能够在众多视觉信息中脱颖而出，具有较高的辨识度。

图11-2　　　　　　　　　图11-3

2. 文字

文字通常包含品牌名称、标语或其他文字信息。在字体的选择上，需要考虑品牌的性格、定位等。字体的风格应与品牌的形象相契合，既要体现出品牌的独特性，又要能够准确地传达品牌的核心理念。同时，字体的可读性也非常关键，要确保所选字体易于识别，避免使用过于复杂或难以辨认的字体，以确保人们在看到标志时能够迅速而准确地读取和理解文字。图11-4所示为娃哈哈Logo。

3. 颜色

颜色能够影响人们的情绪和感觉，每种颜色都有其特定的象征意义和心理效应。通过恰当的颜色搭配可以强化品牌信息，提升品牌的形象与辨识度。颜色的选择需要考虑目标市场的文化背景和品牌定位，图11-5所示为代表着热情、温暖的"美团黄"，图11-6所示为给人稳重、专业感觉的"饿了么蓝"。

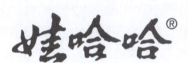　　　　

图11-4　　　　　　　图11-5　　　　　　　图11-6

11.1.3　标志设计的特征

标志设计的特征对品牌的可识别性、可记忆性和传播性起着至关重要的作用。一个成功的标志设计应当具备以下几个关键特征。

- 简洁性：一个好的标志设计应该是简洁明了的，没有复杂的图案和颜色。简洁的设计更容易被人们记住，同时也易于在各种媒介上保持完整性和一致性。
- 独特性：标志需要有足够的独特性，以便在众多品牌中脱颖而出。独特的设计不仅能够吸引目标受众的注意，而且能够加强品牌的个性化表达。
- 适应性：一个好的标志设计应该具有高度的适应性，能够在不同的媒介、尺寸和背景下保持其效果。这意味着无论是在网页、名片、产品包装还是大型广告牌上，标志都能够有效地传达品牌形象。
- 相关性：标志设计需要与其代表的品牌、行业等保持相关性。设计元素（如颜色、形状、文字等）应当能够反映出品牌的核心价值和品牌所在的市场环境。
- 记忆性：成功的标志设计应易于记忆，通过独特而简洁的视觉表现形式使人们一看到标志就能联想到对应的品牌，甚至能够在脑海中重现标志的形象。

- 持久性：好的标志设计应超越时代，拥有长久的生命周期。避免使用过于时尚的设计元素，确保标志在多年后仍不显过时。
- 专业性：标志的设计应体现出专业性，这不仅是指设计技巧本身，也包括对品牌理念和目标市场的深刻理解。专业的标志设计能够增强品牌的可信度。

11.1.4 标志设计的表现形式

标志设计的表现形式多种多样，每种形式都有其独特的视觉语言和应用场景，下面介绍几种常见的表现形式。

1. 具象表现形式

具象标志通过直观的图像或插图来表现品牌的特征、产品或服务。这些图像或插图通常是容易识别的物体或形象，如动植物、人物或日常用品。它们直接与品牌的名称或品牌所提供的服务相关联，使消费者能够迅速建立与品牌的联系。

图11-7

以图11-7所示的中国邮政Logo为例，它结合了"中"字与邮政网络的形象，同时融入了翅膀的造型，使人联想到"鸿雁传书"这一古代信息传递方式的形象比喻，表现了服务千家万户的邮政行业宗旨，以及快捷、准确、安全、无处不达的企业形象。

2. 抽象表现形式

与具象标志不同，抽象标志不直接描绘可识别的物体，而是运用点、线、面、体等单纯的元素，并进行变化处理，如重复、渐变、对称等。这种形式的标志设计侧重于形式美感和视觉冲击力的表现，能够给人留下深刻的印象。

以图11-8所示的中国联通Logo为例，它是由一种回环贯通的中国古代传统纹样"盘长"演变而来的。迂回往复的线条象征着现代通信网络，寓意着信息社会中联通公司的通信事业井然有序、迅达畅通。标志造型中有两个明显的上下相连的"心"，形象地展示了中国联通的通信、通心的服务宗旨，寓意着永远为用户着想，与用户心连着心。

图11-8

中国联通品牌Logo可以拆分为箭头、爱心以及无限图形，如图11-9所示。其中"箭头图形"寓意前进、突破，表达中国联通对未来发展的态度；"爱心图形"寓意用心、责任，表达中国联通与人、社会的关系；"无限图形"则寓意协力、同行，表达中国联通具备创造无限可能的能力。

箭头图形

爱心图形

无限图形

图11-9

3. 文字表现形式

标志设计中的文字表现形式是一种独特且富有创意的设计方式，它将文字元素作为设计的基础，通过巧妙的变化和创新将文字转化为具有独特视觉效果的标志。设计师可以根据品牌的具体需求和定位选择最合适的文字设计风格。无论是直接文字标志、文字图形化、书法字体标志还是文字与图形的结合，都能够有效地传达品牌或组织的理念和特点，提升其在市场中的竞争力和影响力。

4. 综合表现形式

综合表现形式是指将文字和图形（具象或抽象）结合在一起。这种类型的标志既可以展示品牌名称，又可以通过图形元素增强视觉吸引力，结合了文字标志和图形标志的优点。

以图11-10所示的中国工商银行Logo为例，该Logo的图案整体为中国古代的圆形方孔钱币；标志的中心是经过变形的"工"字，中间断开，使工字更加突出，体现出银行与客户之间平等互信的依存关系。以"断"强化"续"，以"分"形成"合"，是银行与客户的共存基础。设计手法的巧妙应用强化了标志的语言表达力，中国汉字与古钱币形状的运用充分体现了现代气息。

无论使用哪种表现形式，标志都应简洁明了、独特、易于识别，以确保标志能够在各种场合发挥出其应有的作用。

图11-10

11.2 制作商业街标志

下面运用标志设计的相关知识进行实操，对某商业街的标志进行设计。

11.2.1 案例分析

进行案例分析有助于我们理解设计背景和选择设计元素等，下面进行简单介绍。

1. 设计背景

• 产品名称：未来金街铺。

• 设计目的：全面展现金街铺作为高端商业街区的魅力和气质，同时深入传达其"Value-Oriented Commercial Prosperity（价值导向的商业繁荣）"的核心理念，吸引并留住广大中、高端消费者，同时提升社会公众和潜在游客的关注度与好感度。

• 目标受众：中、高端消费者，社会公众与潜在游客。

2. 设计元素分析

• 字体：提取核心理念首字母"V"，采用立体设计，强化空间感与视觉冲击力，寓意价值、胜利与未来。

• 图形："V"被设计成一个由金色和棕色条纹组成的三角形结构，巧妙地借鉴了织物或纸张折叠的视觉效果，边缘则呈现出波浪状的纹理，增添了一份动感和层次感。

- 颜色：金色为主色调，给人以高贵典雅的视觉效果，彰显金街铺的高档、奢华品牌形象。

11.2.2　创意阐述

未来金街铺Logo设计巧妙融合了现代美学与商业繁荣的核心理念。立体"V"字不仅代表价值、胜利与未来，更能够成为整个设计的视觉焦点，寓意着金街铺以价值为导向，致力于商业繁荣。金色与棕色条纹交织成的三角形结构，借鉴了织物或纸张折叠的视觉效果，边缘的波浪状纹理为Logo增添了一份动感与层次，使得整个设计更加生动、立体。金色作为主色调，不仅彰显了金街铺的高贵与奢华，更传递出一种温暖而积极的情感体验。整体而言，这个Logo设计不仅全面展现了未来金街铺作为高端商业街区的独特魅力和优雅气质，更以其独特的视觉语言和深刻的核心理念，成功吸引了广大中、高端消费者及社会公众、游客的广泛关注与高度认可。

11.2.3　操作步骤

实操11-1　未来金街铺

🗄 **实例资源** ▶ \第11章\未来金街铺\参考线.ai和纹理.jpg

微课视频

1. 制作图形部分

Step 01　新建宽度为60cm、高度为80cm的文件，置入素材，如图11-11所示。

Step 02　在控制栏中单击"嵌入"按钮，效果如图11-12所示。

Step 03　执行"窗口>符号"命令，在弹出的"符号"面板中单击底部的"新建符号"按钮 ⊞，在弹出的"符号选项"对话框中设置参数，如图11-13所示。设置完成后删除图像。

Step 04　选择多边形工具 ⬡，在画板中单击，弹出"多边形"对话框，设置多边形的半径为17cm、边数为3，如图11-14所示。单击"确定"按钮，创建三角形。

图11-11

图11-12

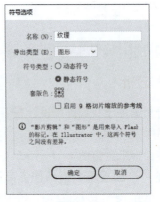
图11-13

图11-14

Step 05　设置三角形的填色为"无"，描边为20pt、橙色（#F0871A），效果如图11-15所示。

Step 06　执行"效果>风格化>圆角"命令，在弹出的"圆角"对话框中设置"半径"为9.5cm，如图11-16所示。

Step 07　单击"确定"按钮，应用圆角效果，如图11-17所示。

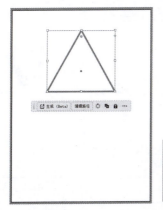

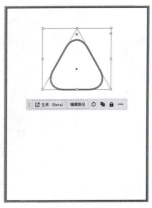

图11-15 图11-16 图11-17

Step 08 执行"效果>3D和材质> 3D（经典）>凸出和斜角（经典）"命令，在弹出的"3D凸出和斜角选项（经典）"对话框中设置参数，如图11-18所示。

Step 09 单击"贴图"按钮，弹出"贴图"对话框，在"符号"下拉列表中选择"纹理"选项，单击"缩放以适合"按钮，如图11-19所示。

Step 10 单击"下一个表面"按钮 ▶，跳转至第3个表面，选择"纹理"符号，单击"缩放以适合"按钮，使用相同的方法，对第4、5、10、11、12、13、14、16个表面添加"纹理"符号并调整其显示效果，如图11-20所示，效果如图11-21所示。

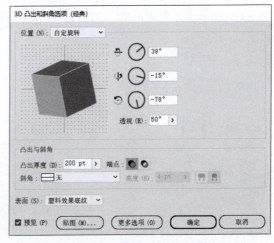

图11-18

Step 11 执行"效果>效果画廊"命令，在弹出的对话框中选择"风格化>照亮边缘"效果并进行设置，如图11-22所示，效果如图11-23所示。

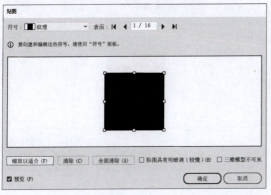

图11-19

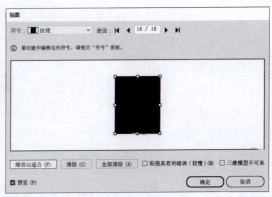

图11-20

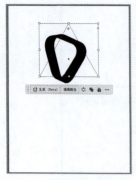

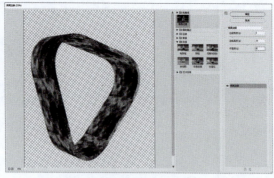

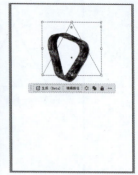

图11-21　　　　　　　　　　　图11-22　　　　　　　　　　　图11-23

Step 12 在"图层"面板中复制图层，如图11-24所示。

Step 13 执行"窗口>外观"命令，在弹出的"外观"面板中双击"3D凸出和斜角（映射）"，如图11-25所示。在弹出的"3D凸出和斜角选项（经典）"对话框中调整"凸出厚度"为0pt，如图11-26所示。

图11-24　　　　　　　　图11-25　　　　　　　　图11-26

Step 14 单击"贴图"按钮，在弹出的"贴图"对话框中单击"全部清除"按钮，如图11-27所示。

Step 15 为第1个表面添加贴图效果，如图11-28所示。

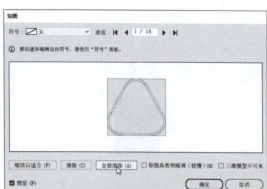

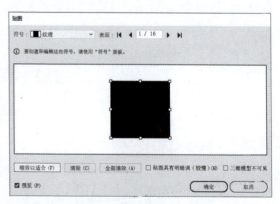

图11-27　　　　　　　　　　　图11-28

Step 16 在"外观"面板中双击"照亮边缘"，调整参数，如图11-29所示。

Step 17 按住Shift键等比例缩小图形，使边缘重合，如图11-30所示。

Step 18 使用相同的方法创建圆角三角形，如图11-31所示。

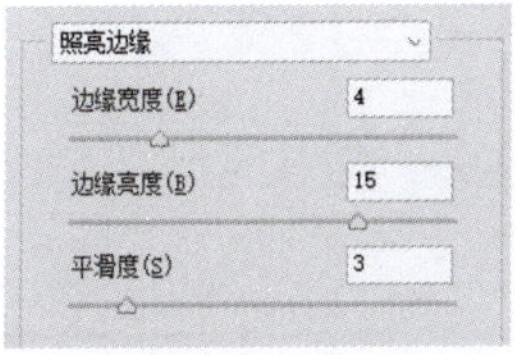

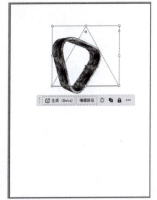

图11-30

图11-31

照亮边缘

边缘宽度(E)   4

边缘亮度(B)   15

平滑度(S)   3

图11-29

Step 19 为新创建的圆角三角形添加3D效果，参数设置如图11-32所示。

Step 20 单击"贴图"按钮，分别对第1、3、4、5、10、11、12、13、14、16个表面添加"纹理"符号，并单击"缩放以适合"按钮，效果如图11-33所示。

Step 21 添加"照亮边缘"效果，如图11-34所示。

Step 22 复制图层，在"外观"面板中双击"3D凸出和斜角（映射）"，在弹出的"3D凸出和斜角选项（经典）"对话框中调整"凸出厚度"为0pt，如图11-35所示。

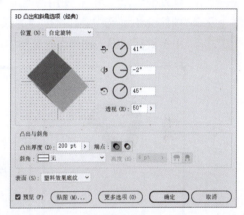

图11-32

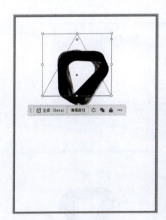

图11-33

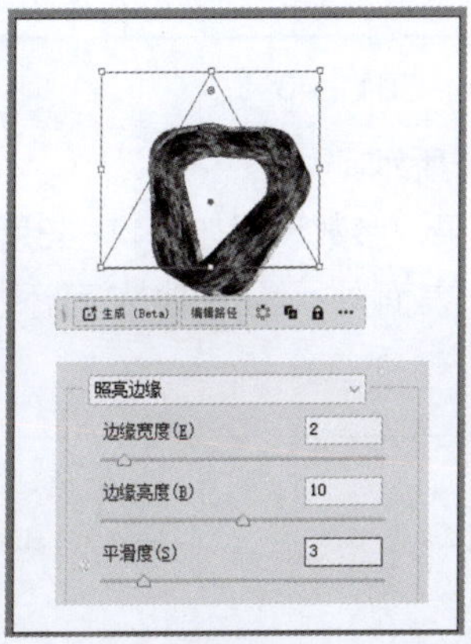

照亮边缘

边缘宽度(E)   2

边缘亮度(B)   10

平滑度(S)   3

图11-34

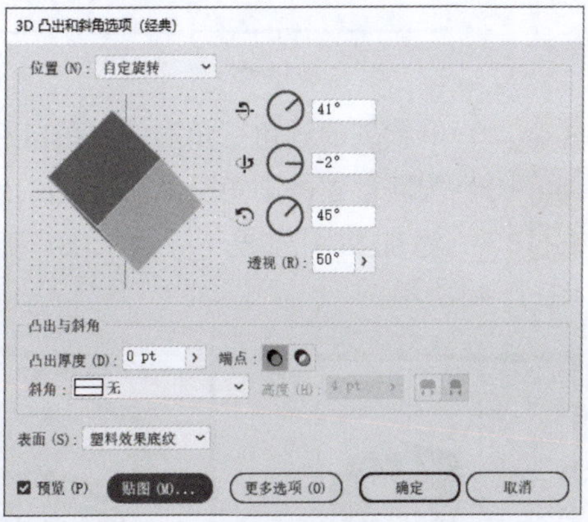

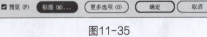

图11-35

Step 23 单击"贴图"按钮，在弹出的"贴图"对话框中单击"全部清除"按钮，为第1个表面添加贴图效果，如图11-36所示。

Step 24 更改"照亮边缘"效果的参数（参考Step16），按住Shift键调整其显示效果，如图11-37所示。

Step 25 按住Shift键等比例缩小图形，使边缘重合，按住Shift键加选圆角三角形，调整其位置，如图11-38所示。

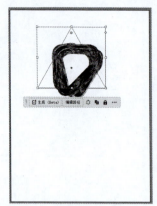
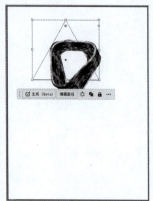
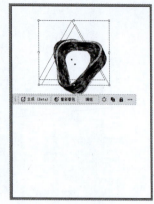

| 图11-36 | 图11-37 | 图11-38 |

Step 26 设置描边为"无"，使用钢笔工具绘制路径，如图11-39所示。

Step 27 按住Shift键选中第二次创建的圆角三角形，如图11-40所示。

Step 28 单击鼠标右键，在弹出的菜单中选择"建立剪切蒙版"命令，效果如图11-41所示。

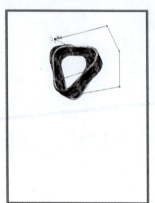
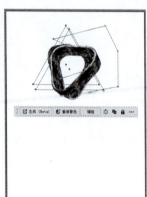

| 图11-39 | 图11-40 | 图11-41 |

Step 29 继续创建圆角三角形，如图11-42所示。

Step 30 为新创建的圆角三角形添加3D效果，参数设置如图11-43所示。

Step 31 添加贴图效果（除第2、8、9个表面外，为其他表面添加"纹理"符号），效果如图11-44所示。

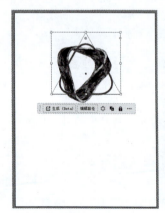
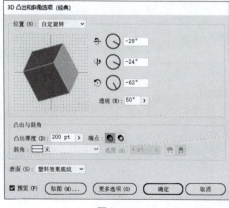
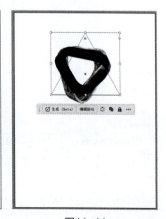

| 图11-42 | 图11-43 | 图11-44 |

Step 32 添加"照亮边缘"效果，如图11-45所示。

Step 33 参考Step22~Step25调整图形，效果如图11-46所示。

Step 34 使用钢笔工具绘制路径，加选中间两组圆角三角形，创建剪切蒙版，效果如图11-47所示。

  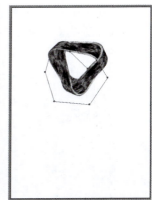

图11-45　　　　　　　　　图11-46　　　　　　　　　图11-47

Step 35 使用钢笔工具绘制路径，加选底层两组圆角三角形，创建剪切蒙版，效果如图11-48所示。"图层"面板显示效果如图11-49所示。

图11-48　　　　　　　　　图11-49

2. 添加文字

Step 01 选择文字工具 T，输入文字"IN THE FUTURE"，设置文字颜色为棕色（#AC7921），在"字符"面板中设置参数，如图11-50所示，效果如图11-51所示。

Step 02 选择矩形工具 ▢，按住Shift键绘制正方形，将其旋转45°后选择直接选择工具 ▷，在正方形右侧锚点上按住鼠标左键，将其水平向左移动，效果如图11-52所示。

Step 03 按住Alt键移动复制形状，在"属性"面板中单击"水平翻转"按钮 ◁▷，使用选择工具框选文字和形状，

图11-50　　　　　　　　　图11-51

单击控制栏中的"垂直居中对齐"按钮，按Ctrl+G组合键编组，效果如图11-53所示。

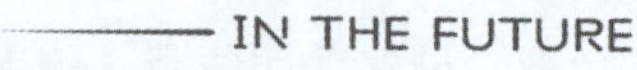

—— IN THE FUTURE ——

—— IN THE FUTURE ——

图11-52

图11-53

Step 04 选择直排文字工具，输入文字"未来"，在"字符"面板中设置参数，如图11-54所示。

Step 05 选择文字工具，输入文字"金街铺"，在"字符"面板中设置参数，如图11-55所示。

Step 06 选中文字"未来""金街铺"，设置文字水平居中对齐，加选"IN THE FUTURE"形状文字组后，设置垂直居中对齐，效果如图11-56所示。

图11-54

图11-55

图11-56

Step 07 输入文字"金·街·在·哪·儿·旺·铺·就·在·哪·儿"，在"字符"面板中设置参数，如图11-57所示，效果如图11-58所示。

Step 08 框选所有文字，按Ctrl+G组合键编组，如图11-59所示。

图11-57

图11-58

图11-59

3. 应用标志

Step 01 打开素材文件，如图11-60所示。

Step 02 复制标志至新文件中并调整其显示效果，如图11-61所示。

Step 03 选择矩形工具，绘制矩形，选择吸管工具，吸取文字"金街铺"的颜色对矩形进行填充，使用直接选择工具调整矩形左下角锚点的位置，效果如图11-62所示。

Step 04 选择文字工具，输入文字"A"，设置字体为"思源黑体 CN"、字号为280pt，效果如图11-63所示。

微课视频

Step 05 输入文字"VI视觉识别手册|标志设计"，在"字符"面板中设置参数，如图11-64所示。

Step 06 将"VI视觉识别手册"的字号调整为60pt，效果如图11-65所示。

图11-60

图11-61

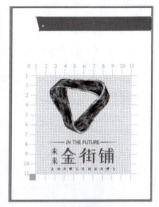

图11-62

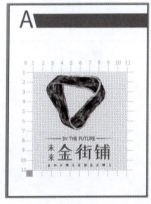

图11-63

图11-64

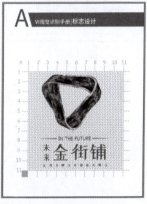

图11-65

Step 07 输入文字"01"，设置字号为136pt，效果如图11-66所示。

Step 08 输入段落文字，在"字符"面板中设置参数，如图11-67所示。

Step 09 在"段落"面板中单击"两端对齐，末行左对齐"按钮≡，设置首行缩进100pt，效果如图11-68所示。

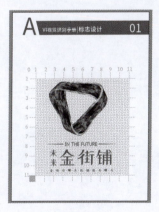

图11-66

图11-67

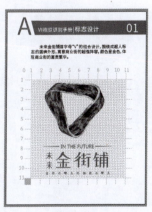

图11-68

Step 10 选择直线工具 ✏，按住Shift键绘制水平直线段，在控制栏中设置描边粗细为8pt，选择吸管工具，按住Shift键吸取文字"金街铺"的颜色对直线段进行填充，如图11-69所示。

Step 11 选择文字工具，输入文字"标志主体图形"，在"字符"面板中设置参数，如图11-70所示，最终效果如图11-71所示。

Step 12 按Shift+Ctrl+S组合键，将其另存为PDF格式的文件。

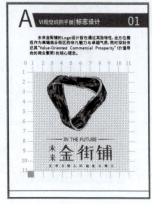

图11-69

图11-70

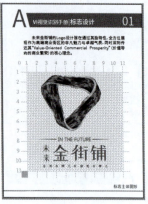

图11-71

第 12 章
手提袋的设计与制作

内容导读

本章将对手提袋的设计与制作进行讲解，包括手提袋的分类、结构、规格尺寸以及印后工艺。读者了解并掌握这些基础知识可以更好地理解手提袋的结构特点、材料性能以及工艺要求，设计出更具个性和实用性的手提袋作品。

学习目标

- 了解手提袋的分类。
- 熟悉手提袋的印后工艺流程。
- 掌握手提袋的结构。
- 掌握手提袋的规格尺寸。

素养目标

- 培养空间感，掌握排版布局技巧，能够合理设置品牌标志、图案、文字等元素的位置和比例。
- 增强对材料、工艺等知识的理解，可以根据实际需求灵活运用不同材质进行创作，在设计阶段就考虑到实际生产的可行性，避免设计与生产脱节。

案例展示

手提袋刀版图

手提袋效果图

12.1 手提袋设计概述

手提袋设计是指针对便携式软质包装容器进行规划和创作的过程，这种包装容器通常有一个或两个坚固的手柄，以便使用者携带物品。手提袋不仅具有商业用途，例如作为购物袋、礼品袋，也可以广泛应用于各类促销活动、会议展览、品牌宣传和个性化礼品包装等场景。

12.1.1 手提袋的分类

手提袋可以根据不同的分类标准分为多种不同的类型，例如，根据印刷材料可以分为牛皮纸手提袋、白卡纸手提袋、无纺布手提袋、帆布手提袋、塑料手提袋等。

1. 牛皮纸手提袋

牛皮纸天然朴实、文艺复古，成本低廉，不需要覆膜，用牛皮纸制作的手提袋有较高的拉伸强度和出色的抗撕裂性。除白色牛皮纸外，一般牛皮纸底色较深，因此比较适合印刷深色的文字与线条，如图12-1所示。印刷常采用$120g/m^2$、$140g/m^2$、$250g/m^2$的牛皮纸。牛皮纸手提袋适用于食品、鞋子、衣服等的包装。

2. 白卡纸手提袋

白卡纸手提袋是优良的纸质手提袋，纸面平整、有较高的挺度、厚实、平滑耐破、方便折叠。白卡纸具有良好的印刷适性，印刷色彩饱满，如图12-2所示。印刷常采用$250g/m^2$的白卡纸。白卡纸手提袋适用于各行各业，例如教育行业、数码行业、科技行业、房地产行业、汽车行业、食品行业等。

图12-1

图12-2

 知识链接

纸质手提袋除了可以使用牛皮纸和白卡纸，还可以使用铜版纸、白板纸、亚粉纸、特种纸等。

3. 无纺布手提袋

无纺布是新一代的环保材料，具有防潮、透气、柔韧、轻质、色彩丰富、价格低廉、可循环等特点，可代替塑料袋长时间使用。无纺布手提袋有平口无纺布手提袋、立体无纺布手提袋以及折叠无纺布手提袋，如图12-3所示。印刷常采用$80g/m^2$的无纺布。无纺布手提袋适用于各行各业，可作为企业宣传、广告促销、产品促销的载体以及礼品、赠品等。

4. 帆布手提袋

帆布手提袋主要为棉织物或麻织物，制作成本较高，但耐久度和牢固度远高于无纺布等材质的手提袋。帆布手提袋款式多、样式新，既能作为企业、活动的广告赠品，又可作为时尚的环保购物袋，如图12-4所示。

图12-3

图12-4

5. 塑料手提袋

塑料手提袋有透明和不透明、食品级和非食品级之分，塑料手提袋的印刷色彩丰富、艳丽，韧性强，有平口式和背心式，如图12-5和图12-6所示。塑料手提袋广泛用于购物、包装等。

图12-5

图12-6

12.1.2 手提袋的结构

手提袋的刀版展开图如图12-7所示，主要包括正面、反面、侧面、折口、糊口等部分。

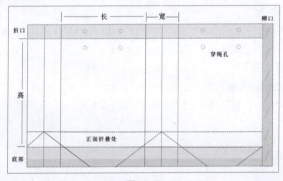
图12-7

- 折口：折口也称勒口，指袋口和袋底折叠的部分。部分手提袋不需要留折口。折口高度一般为30~40mm，通常情况下，竖版手提袋的折口为30mm，横版手提袋的折口为35mm。
- 长/宽/高：一般指成品的长度、宽度、高度，正面横向的长度为长，侧面的厚度为高，袋口到袋底的距离为高。
- 穿绳孔：穿绳孔的半径一般为4~5mm，穿绳孔与上边缘的距离一般为20~25mm，两个相邻穿绳孔之间的距离是长度的2/3。在制作过程中，要避免图片和文字处于压痕处和穿孔处。
- 糊口：糊口也称粘口，主要分布在手提袋的底部和侧面。其宽度一般为15~20mm。
- 正面折叠处：正面折叠处的压痕是侧面宽度的1/2。
- 底部：底部主要包括底部和底部糊口，底部宽度是侧面宽度的1/2。

了解手提袋成品的结构与规格尺寸后，在使用软件制作手提袋时如何计算其展开尺寸呢？

新建页面宽度=侧面宽度+正面长度+侧面宽度+反面长度+糊口宽度。

新建页面高度=折口宽度+高度+侧面宽度÷2+底部宽度。

12.1.3　手提袋的规格尺寸

设计手提袋的规格尺寸时需考虑纸张的开度，这样可有效地减少浪费。手提袋的印刷标准尺寸分为三开、四开或对开3种，每种又可分为正度和大度，每种规格相应的手提袋尺寸如下。

- 正度四开：546mm×389mm（190mm×300mm×60mm）。
- 大度四开：597mm×444mm（215mm×320mm×65mm）。
- 正度三开：781mm×362mm（240mm×290mm×80mm）。
- 大度三开：844mm×384mm（250mm×350mm×80mm）。
- 正度对开：780mm×540mm（300mm×400mm×80mm）。
- 大度对开：882mm×590mm（330mm×450mm×90mm）。

手提袋的规格尺寸、横版/竖版、造型等都是可以定制的。下面是比较常用的手提袋尺寸。

（1）竖版手提袋（长×高×宽）

260mm×360mm×80mm、280mm×400mm×80mm、300mm×400mm×80mm

250mm×320mm×80mm、220mm×260mm×100mm、180mm×270mm×80mm

（2）横版手提袋（长×高×宽）

400mm×300mm×100mm、350mm×260mm×130mm、300mm×250mm×100mm

260mm×250mm×80mm、220mm×300mm×10mm

（3）方形手提袋（长×高×宽）

150mm×150mm×150mm、200mm×200mm×200mm

250mm×250mm×250mm、300mm×300mm×300mm

12.1.4　手提袋的印后工艺

接下来以纸质手提袋为例对手提袋的印后工艺流程进行介绍。手提袋经过印刷机印刷后通常会进行覆膜处理，即在印品的表面覆盖0.012~0.02mm厚的亚光或高光的透明塑料薄膜。接着可以根据需要选择烫金、烫银、压纹、凹凸、UV等工艺，使手提袋更加精巧、有质感。

装饰完手提袋后，需要对其进行模切加工。模切工艺是一种将模切刀和压痕刀组合在同一模板上应用模切机对印品进行模切和压痕加工的方法，又称"轧痕"。这一工艺对手提袋的成型质量和手工糊制效率有着直接影响。最后一步便是糊盒，糊盒是手提袋工艺中最特别的一个环节，除了使用半自动设备外，还需要手工完成部分工作，例如冲孔、穿绳等。

知识链接

纸质手提袋通常使用胶版印刷，布质手提袋使用的是丝网印刷。手提绳可选择纯棉绳、PP绳、扁平绳、丝带绳、纸绳、扁平纸绳、三股绳以及涤纶绳。手提绳有以下几种常见的固定方式。

- 穿孔打结：手提袋制作完成后，将绳子的两端穿过预先模切好的绳孔中，并进行打结固定，如图12-8所示。
- 飞机扣绳：在手提袋的预定位置模切出绳孔，然后利用飞机扣将手提绳固定在手提袋上。这种方法相比其他固定方式更为简单快捷，无须复杂的操作步骤或额外的工具。
- 胶粘纸绳：手提绳两端有一块纸片固定，将纸绳贴在纸片上，然后将其贴在袋身内部，并且两边手提绳的位置必须对整齐，如图12-9所示。

图12-8   图12-9

12.2   制作奶茶手提袋

下面运用手提袋设计的相关知识进行实操，对某奶茶店外卖手提袋进行设计。

12.2.1 案例分析

下面分析本案例的设计背景和设计元素。

1. 设计背景

- 产品名称：Xiàng茶。
- 设计目的：通过创意与实用性的结合提升品牌xiàng茶的市场形象，提高消费者对其的认知度和好感度。
- 目标受众：奶茶店的顾客、潜在消费者以及加盟商。

2. 设计元素

- 主色调：绿色代表自然、健康、清新，与奶茶店的产品属性相契合。以绿色作为主色调的设计能够营造出轻松、愉悦的氛围，并吸引消费者的注意。
- 印后工艺：选择胶粘纸绳作为提手，既环保又耐用，同时无须打孔，简化了生产工艺。纸绳的纹理和质感与绿色背景相搭配，增加了手提袋的立体感与层次感。
- 画面布局：手提袋正面中央位置放置醒目的"xiàng茶"品牌标志，结合城市名彰显本地特色，加深消费者对品牌的记忆。背面设计保持简约，以纯色背景凸显品牌名，提升宣传效果。左右侧面则分别放置了二维码和加盟信息，方便消费者扫码关注品牌或咨询加盟事宜。

12.2.2　创意阐述

　　本次手提袋设计注重品牌特色与环保理念的融合。通过绿色和胶粘纸绳提手传达品牌健康、自然与环保的理念。同时，充分考虑了消费者的需求和审美，通过简洁明了的画面布局和易识别的品牌信息提升了手提袋的实用性和美观性。

　　此外，还巧妙地融入了地域文化元素，通过城市名的展示增强了品牌的地域认同感。整体设计既体现了品牌的独特性，又符合现代人的审美趋势。

12.2.3　操作步骤

实操 *12-1* / 奶茶手提袋

■ **实例资源** ▶ \第12章\奶茶手提袋\手提袋

微课视频

1. 制作手提袋刀版图

Step 01　新建宽度为781mm、高度为362mm的文件，如图12-10所示。

Step 02　选择矩形工具，在画板上单击，在弹出的对话框中设置参数，如图12-11所示。

Step 03　在控制栏中单击"描边"按钮 描边:，在弹出的面板中设置参数，如图12-12所示，效果如图12-13所示。

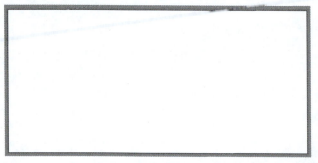

图12-10　　　　　　　　　　　　　　图12-11　　　　　　　　图12-12

Step 04　选择矩形工具，在画板上单击，在弹出的对话框中设置参数，如图12-14所示。

Step 05　将该矩形右侧与第一个矩形的左侧重叠，如图12-15所示。

Step 06　按住Alt键移动复制左侧的矩形，并将其摆放在最左侧，如图12-16所示。

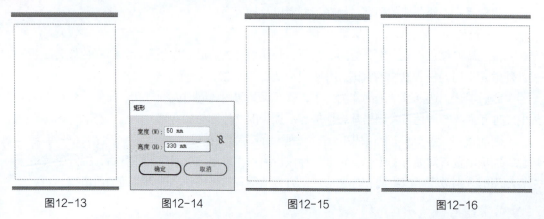

图12-13　　　　　　　图12-14　　　　　　　图12-15　　　　　　　图12-16

Step 07 框选3个矩形，按住Alt键进行移动复制，然后将它们调整至合适的位置，如图12-17所示。

Step 08 绘制糊口。选择矩形工具，在画板上单击，在弹出的对话框中设置参数，如图12-18所示。

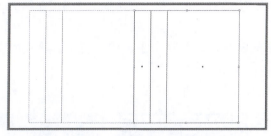

图12-17   图12-18

Step 09 将新绘制的矩形移动至最右侧，如图12-19所示。

Step 10 绘制底部糊口。选择矩形工具，在画板上单击，在弹出的对话框中设置参数，如图12-20所示。

图12-19   图12-20

Step 11 在新绘制的矩形上单击鼠标右键，在弹出的菜单中选择"排列>置于底层"命令，将其与其他矩形底对齐，如图12-21所示。

Step 12 按住Alt键移动复制该矩形，将其作为底部，在"属性"面板中更改"高"为50mm，如图12-22所示。

图12-21   图12-22

Step 13 将复制的矩形移动至合适的位置，如图12-23所示。

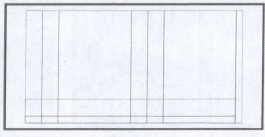

图12-23

2. 制作手提袋正反面

Step 01 选择画板工具 ，拖动绘制画板，在"属性"面板中更改宽、高参数，如图12-24所示。

Step 02 单击选择工具，退出画板模式，选择矩形工具，在画板上单击，在弹出的对话框中设置参数，如图12-25所示。

Step 03 更改矩形的填充颜色（#86BB8A），使其水平居中对齐（借助智能参考线），如图12-26所示。

Step 04 置入素材"标志-白"，调整其大小和位置，如图12-27所示。

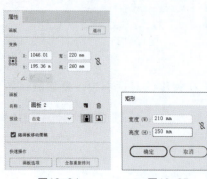

图12-24 　　　　　图12-25 　　　　　图12-26 　　　　　图12-27

Step 05 使用文字工具输入符号"×"，如图12-28所示。

Step 06 输入文字"城市限定系列"，在"字符"面板中设置参数，如图12-29所示，效果如图12-30所示。

图12-28 　　　　　图12-29 　　　　　图12-30

Step 07 选择画板工具，按住Alt键移动复制画板，如图12-31所示。

Step 08 删除复制的画板上的元素，单击选择工具，退出画板模式，如图12-32所示。

图12-31 　　　　　图12-32

Step 09 选择文字工具，输入文字"金陵"，在"字符"面板中设置参数，如图12-33所示。

Step 10 按住Alt键移动复制文字"金陵"并更改文字，如图12-34所示。

Step 11 置入素材"标志-文字"和"标志-象"，调整它们的大小和位置，如图12-35所示。

图12-33　　　　　　　图12-34　　　　　　　图12-35

3. 制作手提袋侧面

Step 01 选择画板工具，拖动绘制画板，在"属性"面板中更改宽、高参数，如图12-36所示。

Step 02 单击选择工具，退出画板模式，如图12-37所示。

Step 03 按住Alt键移动复制背景，在"属性"面板中更改宽度为90mm，使其居中对齐，如图12-38所示。

Step 04 按住Alt键移动复制"标志-文字"，将其调整至合适的位置，如图12-39所示。

Step 05 按Ctrl+R组合键显示标尺，将标尺左上角的原点向右下方拖动以更改标尺原点，如图12-40所示，更改后的原点坐标如图12-41所示。

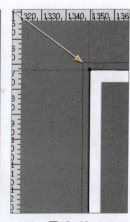

图12-36　　　　　图12-37　　　　　图12-38　　　　　图12-39　　　　　图12-40

Step 06 在200mm和210mm处创建水平参考线，如图12-42所示。

Step 07 输入文字"全国加盟热线：888 8888 888"，在"字符"面板中设置参数，如图12-43所示，效果如图12-44所示。

　知识链接

创建参考线的目的是防止图文处于压痕线上。

| 图12-41 | 图12-42 | 图12-43 | 图12-44 |

Step 08 按住Alt键移动复制画板，置入素材"二维码"，在"属性"面板中设置宽度和高度均为30mm。使其居中对齐，如图12-45所示。

Step 09 更改文字内容，如图12-46所示。

Step 10 按住Shift键加选二维码，在控制栏中单击"水平居中对齐"按钮，效果如图12-47所示。

| 图12-45 | 图12-46 | 图12-47 |

4. 填充手提袋刀版图

Step 01 分别框选第2~5个画板中的所有内容，单击鼠标右键，在弹出的菜单中选择"编组"命令，效果如图12-48所示。

Step 02 按住Alt键移动复制画板中的内容至刀版图上，如图12-49所示。

| 图12-48 | 图12-49 |

Step 03 置入素材"保护环境"，调整其大小和位置，单击鼠标右键，在弹出的菜单中选择"隐藏参考线"命令，最终效果如图12-50所示。

图12-50

第 13 章
包装的设计与制作

Ai

内容导读

本章将对商品包装的设计与制作进行讲解，包括包装设计的构成、元素选择、材料选择以及印后工艺。读者了解并掌握这些基础知识能够全面提升对商品包装的专业素养和实际操作能力。

学习目标

- 熟悉包装设计的构成。
- 掌握包装设计的元素选择。
- 掌握包装设计的材料选择。
- 掌握包装设计的印后工艺。

素养目标

- 能够根据商品的属性和目标受众选择合适的图形、文字、色彩等元素进行设计。
- 能够根据包装设计的风格和需求选择合适的印后工艺，使包装更加精美、独特。

案例展示

茶叶罐包装展开图

茶叶罐包装效果图

13.1 包装设计概述

商品包装设计是指将商品的特性、品牌形象、市场定位以及目标消费者的喜好和需求融合在一起，通过视觉元素（如颜色、图案、形状等）和文字信息的有机组合来吸引消费者注意力、传达商品信息、增强商品吸引力、提升品牌价值的过程。

13.1.1 包装设计的构成

包装是品牌理念、产品特性的综合反映，直接影响消费者的购买欲。构图设计是包装设计的灵魂，主要分为图形设计、色彩设计以及文字设计。

1. 图形设计

根据表现形式，图形可分为商标、实物图形以及装饰图形。

- 商标：产品的标志、品牌的象征，具有较强的可识别性，如图13-1所示。
- 实物图形：采用绘画或摄影等方式进行表现，可突出产品的真实形象，给消费者直观的印象，如图13-2所示。

图13-1　　　　　　　　　　　　　　图13-2

- 装饰图形：分为具象和抽象两种表现方式。具象的人、物或风景纹样常用来表现包装的内容物及属性，如图13-3所示。抽象的表现方式则多用点、线、面、色块或肌理来构成画面，使包装醒目、更具形式感，如图13-4所示。

图13-3　　　　　　　　　　　　　　图13-4

2. 色彩设计

色彩的选择对于包装设计至关重要，合适的色彩能够起到美化和突出产品的作用。在为包装选择色彩时，需要考虑产品的特点和消费群体的喜好，如图13-5和图13-6所示。

不同的商品有不同的特点与属性，包装颜色也有所不同，下面举例说明。

- 食品类商品的包装以鲜明的暖色系为主。
- 化妆类商品的包装以柔和色系为主。

图13-5　　　　　　　　　　　　　　　　　　　　图13-6

- 儿童类商品的包装以鲜艳的纯色为主。
- 科技类商品的包装以蓝色、中灰黑色系为主。
- 体育类商品的包装以鲜艳、明亮的色系为主。
- 小五金、机械类商品的包装以蓝色、黑色等深色为主。

3. 文字设计

文字设计是包装设计中必不可少的部分。文字内容应简明、真实、易读，能反映商品的特点、性质，有独特性，并具备良好的可识别性；文字的编排与包装的整体设计风格应协调，如图13-7、图13-8所示。

图13-7　　　　　　　　　　　　　　　　　　　图13-8

13.1.2　包装设计的元素选择

好的包装设计可以激发消费者的购买欲。在包装设计中，图像元素的提取和选择很重要，直接影响着最终效果的呈现。

- 产品成分：在食品、日化用品的包装设计上，可以将产品的主成分作为设计元素，让消费者直观地从包装上了解产品的原材料。
- 产品原产地：在以产品原产地优势作为卖点时，可以此作为设计元素。
- 产品生产过程：在茶叶包装上比较常见，此类元素能够让人感受到产品的深厚文化底蕴，主要采用手绘或线描的形式表现。
- 产品本身：在常见的水果、饼干、薯片等食品包装设计中，可以将产品本身作为设计元素。此类元素的呈现要求较高。
- 产品属性：可以将产品属性作为首要元素，例如使用蝴蝶结、丝带作为礼品盒包装元素，使用简洁且具有科技感的色块、光带类的元素作为电子产品包装元素等。
- 产品标志或辅助图形：在品牌具有较高知名度，或品牌标志与辅助图形具有辨识度时，可将其标志或辅助图形作为设计元素，加深消费者对品牌的印象。

- 产品或品牌故事：每个品牌都有属于自己的品牌故事，产品也有关于它们的来历或传说。比如月饼包装常用嫦娥、玉兔作为设计元素。
- 与产品相关设计元素：当产品不适合直接表现出来时，可使用与其相关的元素进行设计，例如茶叶包装上的茶具、牛奶包装上的奶牛、蜂蜜包装上的蜜蜂等。
- 产品主要消费对象：为了吸引目标消费群体，可以用与目标消费群体相关的元素进行设计。例如使用花、蝴蝶作为女性产品包装设计元素，使用动物、玩具等作为儿童产品包装设计元素。
- 产品功效/功能：以产品的功效/功能作为创意点可以制作出比较有趣的设计，同时也可以让消费者直观地了解产品作用。
- 产品吉祥物：对于吉祥物形象鲜明、受大众喜爱的产品，可以用其吉祥物作为设计元素，尤其是儿童类的产品包装。

13.1.3 包装设计的材料选择

包装材料的选择在产品包装设计中至关重要，它不仅影响产品的保护和运输，还直接关系到消费者的触感和视觉感受。常见的包装材料有很多种，每一种材料都有其特点和适用场景。

以下是一些常见的包装材料及其特点说明。

（1）纸质材料

纸质材料是使用较多的包装材料，具有轻便、可塑性强、成本低、环保等优点，适用于各种产品的包装，如图13-9所示。常见的纸质材料包括牛皮纸、玻璃纸、蜡纸、铜版纸、瓦楞纸、白纸板、防潮纸等。

（2）塑料材料

塑料材料在包装行业中应用广泛，具有防水、防潮、耐油污、透明等特点。常见的塑料包装材料包括聚乙烯（PE）、聚丙烯（PP）、聚氯乙烯（PVC）、聚对苯二甲酸乙二醇酯（PET）等。此外，塑料还可以制成各种形状和尺寸的容器，如塑料瓶、塑料袋、塑料盒等，图13-10所示为塑料包装袋。

图13-9　　　　　　　　　　　　　　图13-10

（3）金属材料

金属类包装具有良好的阻隔性能，能够有效地防止氧气、水分、光线等外界因素对产品的影响，从而延长产品的保质期。常见的金属类包装材料有铝质包装、钢铁包装以及马口铁包装，适用于食品包装、医药包装和化工品包装，图13-11所示为茶叶盒包装。

（4）玻璃材料

玻璃类包装具有耐酸、稳定、透明等特点，常在需要展示产品实物时使用，例如饮料、化妆品、食品包装。使用玻璃进行包装时常附加纸包装，如图13-12所示。

图13-11 图13-12

（5）木制材料

木制类包装包括木桶、木盒、木箱等，主要用于特色包装、个性包装，适用于土特产、礼品或具有传统风格的商品。常见的木材有木板、软木、胶合板、纤维板等。

13.1.4 包装设计的印后工艺

为了提升包装的美感和品质，可在印刷后进行印后加工处理。

● 覆膜：又称过塑、裱胶、贴膜等，是一种将透明塑料薄膜等通过热压覆贴到印刷品表面的工艺，起保护及增加光泽的作用。

● 烫印：又称热压印刷，是将需要烫印的图案或文字制成凸型版，借助压力和温度将各种铝箔片印制到承印物上，使其呈现出强烈的金属光泽，更具质感。

● 上光：上光是指在印刷品表面涂或喷上一层无色透明涂料，使包装的表面具备防水、防油污的作用，同时起到很好的阻隔作用。

● 压印：使用凹凸模具，在一定的压力作用下使印刷品基材发生塑性变形，并使其具有明显的浮雕感，可增强印刷品的立体感和艺术感染力。

● 模切压痕：当包装印刷品需要切制成一定形状时，可通过模切压痕工艺来完成，如图13-13所示。

● 烫金：将金属箔通过热压技术压合在纸张表面上，图案相对单一但效果显眼。烫印则是将胶版通过热压技术压合在纸张表面上，图案相对复杂且可以制造出凹凸感，如图13-14所示。

图13-13 图13-14

● UV：在图案上面裹上一层光油，提升印品的炫彩效果，并保护产品表面。

● 冰点雪花：在金卡纸、银卡纸、镭射卡纸、PVC等承印物上经紫外光照射起皱及UV光固化后，在印品表面形成的一种具有细密砂感、手感细腻的效果。

● 逆向磨砂：通过若干次特殊的底油或光油处理才能完成，最终使印品表面形成局部高光泽区域和局部磨砂低光泽区域。

● 镭射转移：利用激光将特定的图案、文字或图像转移到包装材料表面。具有绚丽夺目的视觉效果,能够非常有效地提高包装的档次。

- 光刻纸:融合了诸多先进技术,改变了以往单一镭射纹效果的局面,加之独特的防伪功能,便于消费者直观地识别防伪。

13.2 制作茶叶罐包装

下面运用商品包装的相关知识进行实操,对某茶叶罐包装进行设计。

13.2.1 案例分析

下面分析本案例的设计背景和设计元素。

1. 设计背景

- 产品名称:庐山云雾茶。
- 设计目的:为了扩大知名度,现准备为明前新茶设计新的包装。
- 目标受众:追求品质生活、注重文化品位的消费者。

2. 设计元素

- 图形与颜色:用云山简笔画作为装饰元素,以简洁的线条勾勒出山的轮廓和云的形态,颜色为棕色系,营造出一种悠远、宁静的氛围。
- 文字:"庐山云雾茶"使用特定的字体,优雅、大方、便于消费者识别,左右两面分别为使用方法和产品信息。
- 材料与工艺:选用可回收的马口铁作为包装材料,既保证了包装的耐用性和防潮性,又符合现代消费者对环保的需求。通过添加亚光涂层,形成独特的表面纹理,使包装罐表面呈现出亚光磨砂的质感,触感舒适且不易留下指纹,从而提升了产品的整体质感。

13.2.2 创意阐述

本设计将传统文化与现代审美相结合,通过云山简笔画和"庐山云雾茶"文字的巧妙结合,传达出茶叶的自然韵味和品质特色。清晰简洁的文字说明和丰富的产品信息,方便消费者了解和使用产品。同时,本设计注重环保性。采用可回收的马口铁为包装材料,不仅确保了茶叶在存储过程中的品质,更彰显了品牌对环境保护的坚定承诺。

总之,这款茶叶罐的包装设计旨在通过简约、优雅的设计风格,提升产品的附加值和文化内涵,为消费者带来一种全新的品茗体验。

13.2.3 操作步骤

实操 13-1 / 茶叶罐包装

📦 **实例资源** ▶ \第13章\茶叶罐包装

微课视频

1. 绘制素材

Step 01 新建宽度为300mm、高度为140mm的文件,如图13-15所示。

Step 02 分别在85mm、150mm、235mm处创建参考线,如图13-16所示。执行"视图>参考线>锁定参考线"命令锁定参考线。

图13-15　　　　　　　　　　　　　　　图13-16

Step 03 选择椭圆工具，按住Shift键绘制圆形，如图13-17所示。

Step 04 在"渐变"面板中设置渐变参数（#CEBA94），如图13-18所示，效果如图13-19所示。

Step 05 顺时针旋转渐变圆形，如图13-20所示。

Step 06 选择圆角矩形工具，绘制圆角矩形，如图13-21所示。

Step 07 选择添加锚点工具，在圆角矩形上添加锚点，如图13-22所示。

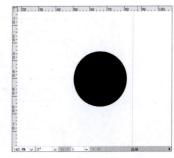

图13-17

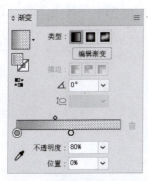

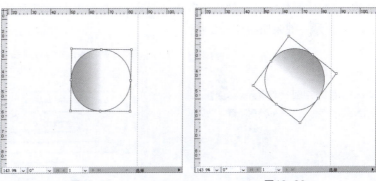

图13-18　　　　　　　图13-19　　　　　　　　　图13-20

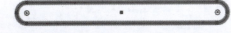

图13-21　　　　　　　　　　　　　图13-22

Step 08 选择剪刀工具，分别单击添加的锚点，如图13-23所示。

Step 09 使用选择工具，选择被裁剪的路径，按Delete键将其删除，如图13-24所示。

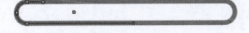

图13-23　　　　　　　　　　　　　图13-24

Step 10 按住Alt键移动复制路径，单击鼠标右键，在弹出的菜单中选择"变换>镜像"命令，在弹出的"镜像"对话框中选择"垂直"选项，按Enter键后调整路径位置，如图13-25所示。

Step 11 添加锚点后使用剪刀工具从锚点处剪切路径，按Delete键删除，如图13-26所示。

Step 12 使用相同的方法对路径进行复制、变换、调整，效果如图13-27所示。

Step 13 框选所有路径，单击鼠标右键，在弹出的菜单中选择"建立复合路径"命令，如图13-28所示。

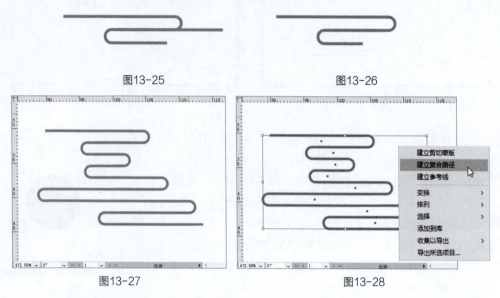

图13-25　　　　　　　　　　　　　图13-26

图13-27　　　　　　　　　　　　　图13-28

Step 14 在控制栏中单击"描边"按钮 描边：，在弹出的面板中设置圆头端点和圆角连接，如图13-29所示，效果如图13-30所示。

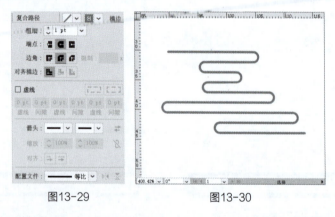

图13-29　　　　　　　　　　　　　图13-30

Step 15 使用钢笔工具绘制路径，选择直线段工具，按住Alt键绘制直线路径（描边为圆头端点、1pt）。选中两个路径，按Ctrl+G组合键编组，效果如图13-31所示。

Step 16 选择钢笔工具，绘制形状路径，选中3个路径，按Ctrl+G组合键编组，如图13-32所示。

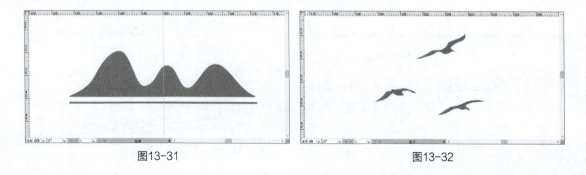

图13-31　　　　　　　　　　　　　图13-32

2. 制作包装主体

Step 01 将素材元素摆放到合适的位置，如图13-33所示。

Step 02 选择文字工具，输入文字"庐山云雾茶"并设置参数，如图13-34所示，效果如图13-35所示。

图13-33　　　　　　　　图13-34　　　　　　　　图13-35

Step 03 输入两组文字并设置参数，如图13-36所示，效果如图13-37所示。

Step 04 置入素材文件，如图13-38所示。

图13-36　　　　　　　　图13-37　　　　　　　　图13-38

Step 05 输入有关质量的文字并设置参数，如图13-39所示，效果如图13-40所示。

Step 06 框选画板中的素材，按Ctrl+G组合键编组，按住Alt键进行移动复制，如图13-41所示。

Step 07 选择文字工具，在第二个和第三个参考线的居中位置输入文字，在"字符"面板中设置参数，如图13-42所示。通过在中间的位置添加参考线使文字居中对齐，效果如图13-43所示。

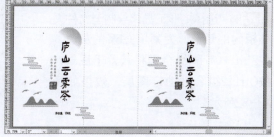

图13-39　　　　　　　　图13-40　　　　　　　　图13-41

Step 08 输入文字并设置参数，如图13-44所示，效果如图13-45所示。

Step 09 输入文字，字号分别为9pt、8pt，如图13-46所示。

Step 10 按住Alt键移动复制文字并更改文字内容，如图13-47所示。

图13-42　　　　　　　　　　图13-43　　　　　　　　　　图13-44

图13-45　　　　　　　　　　图13-46　　　　　　　　　　图13-47

Step 11 选择最后一组文字，在"段落"面板中设置避头尾法则为"严格"，如图13-48所示，效果如图13-49所示。

Step 12 输入多组文字并设置参数，如图13-50所示。

Step 13 选择文字，在控制栏中单击"水平左对齐"按钮 ，"垂直居中分布"按钮 ，效果如图13-51所示。设置完成后按Ctrl+G组合键编组。

Step 14 选择矩形工具，绘制与文件大小相同的矩形，为其填充5%的灰色，按Shift+Ctrl+[组合键将其置于底层，按Ctrl+2组合键锁定图层，效果如图13-52所示。

图13-48　　　　　　　　　　图13-49

图13-50　　　　　　　　　　图13-51

图13-52

Step 15 置入素材"条形码.png"和"二维码.png",如图13-53所示。

Step 16 选择矩形工具,绘制矩形并填充为白色,调整图层顺序,效果如图13-54所示。

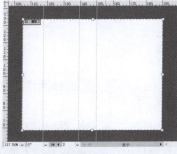

图13-53

图13-54

3. 制作包装顶部

Step 01 选择画板工具,在空白处拖动以创建画板(使其与茶叶罐的盖子大小一致),在控制栏中设置宽度为85mm、高度为65mm,如图13-55所示。

Step 02 选择矩形工具,绘制与文件大小相同的矩形,为其填充5%的灰色,按Ctrl+2组合键锁定图层,如图13-56所示。

图13-55

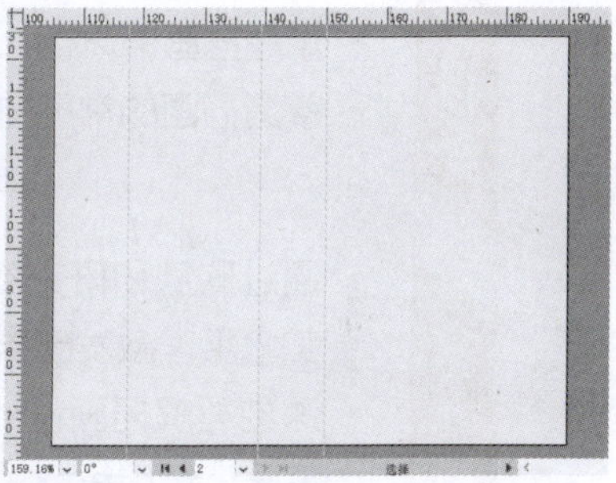

图13-56

Step 03 置入素材并使其居中显示,如图13-57所示。

至此整个包装设计完成,该茶叶罐包装的正面效果如图13-58所示。

图13-57

图13-58

第 14 章

插画的设计与制作

Ai

内容导读

本章将对插画的设计与制作进行讲解，包括插画的作用、插画的风格、插画的构图方式以及插画的创作工具。读者了解并掌握这些基础知识能够增进对插画设计与制作的了解，为未来的插画创作打下坚实的基础。

学习目标

- 熟悉插画的作用。
- 熟悉插画的创作工具。
- 掌握插画的风格。
- 掌握插画的常见构图方式。

素养目标

- 通过欣赏和研究不同风格、不同主题的插画作品，不断提升自身的审美水平、激发创作灵感。
- 深刻理解插画设计的原理与技巧，掌握从构思到创作的完整流程。能够灵活运用线条、色彩等基本元素创造出具有个性和创意的插画作品。

案例展示

手绘风插画　　　　　　MBE 风插画　　　　　　国潮风插画

14.1 插画设计概述

插画是一种视觉艺术形式，通常指为了补充、解释或装饰文字而创作的图画。插画可以出现在图书、杂志、传单、广告、海报、网站、包装、服装以及其他各种媒介上，如图14-1所示。

图14-1

14.1.1 插画的作用

插画在多个领域中发挥着重要作用，它不仅具有视觉吸引力，还能有效地传递信息、营造氛围，并提升品牌识别度。以下是插画的几个主要作用。

1. 解释与说明信息

插画能够帮助解释复杂的概念、指示和信息，使之变得容易理解。对于那些难以用文字描述的内容，插画可以清晰地传达相关意图和信息。无论是在网页设计、广告还是产品包装上，插画都能显著提升整体的视觉效果，从而提高用户的参与度和兴趣。

2. 提升视觉吸引力

插画具有独特的风格、色彩和形态，能够立即吸引目标观众的注意力。它将普通的视觉体验转化为更加动人和吸引人的形式，无论是在广告、书籍封面、产品包装，还是在社交媒体和网络中，都能有效传达信息和情感，激发观众的兴趣和共鸣。

3. 表达情感

艺术家通过使用特定的色彩、线条和形状，可以让观众感受到快乐、悲伤等情感。这种情感的传达可以加深观众与作品之间的联系，在儿童书籍、贺卡设计以及品牌故事讲述中尤为重要。

4. 塑造品牌形象

插画可以帮助品牌建立独特的视觉身份，通过一致的风格和元素使品牌在众多竞争者中脱颖而出。这种独特的视觉表达方式不仅能够提升品牌识别度，还能传达品牌的价值观和个性，建立起与消费者之间的情感联系。

5. 文化传承

插画是重要的文化载体之一，它能够反映和传承特定的文化特色和历史。通过艺术的形式，插画可以讲述民族故事、展示传统习俗或表达特定时期的社会风貌，对于保护和传播文化遗产具有重要意义。

14.1.2 插画的风格

选择插画风格时，需要考虑插画的目标受众和所要传达的信息。明确这些基本点可以有效地确定合适的插画风格。常见的插画风格包括但不限于以下几种。

1. 扁平风插画

扁平风是一种流行的视觉设计风格，特点是具有简洁明了的视觉元素、鲜明的色彩对比以及缺乏立体感。这种风格强调极简主义，通过减少不必要的细节和装饰使设计更加清晰和易于理解。扁平风插画在多个领域都有广泛应用，经常出现在网站设计、移动应用界面、广告、海报以及各种品牌宣传材料中。这类插画的特点如下。

- 简化的形状：使用基本的几何形状（如圆形、矩形、三角形）来构建图像，形状简洁而直观。
- 鲜明的色彩：色彩通常明亮且对比强烈，有助于突出视觉元素并吸引观众注意，如图14-2所示。
- 无渐变色和纹理：避免使用渐变色、阴影或纹理等元素，以保持设计的简洁性和平面感。
- 清晰的轮廓：图形的边缘和轮廓通常非常清晰，如图14-3所示。
- 透视和深度效果有限：扁平风插画几乎不包含透视和深度效果，从而增强平面视觉效果。

图14-2　　　　　　　　　　　　　　图14-3

2. 手绘风插画

手绘风是一种充满个性和艺术感的插画风格，强调原创性，通过手绘的方式表达插画师的想法、情感和创意。手绘风插画运用广泛，常见于图书、广告设计、产品设计、数字媒体等领域。这类插画的特点如下。

- 个性化：手绘风插画体现了插画师的个人风格和技术，每一幅作品都独一无二。
- 温暖、亲切：手绘作品往往给人一种温暖、亲切的感觉，这来源于自然流畅的笔触和色彩的自由运用。
- 细节丰富：手绘风插画可以表现出丰富的细节，如线条的粗细变化、色彩的层次感等，这些都能增强作品的表现力。
- 多样的风格：从写实到抽象、从传统到现代，手绘风可以呈现出极强的多样性，以满足不同主题和场景的需求，如图14-4和图14-5所示。
- 情感表达：手绘风插画很容易传达插画师的情感和态度，使观众感受到作品背后的故事和情绪。

图14-4　　　　　　　　　　　　　　图14-5

3. 肌理风插画

肌理风是一种能够给插画作品增加独特肌理感的艺术风格，在扁平风的基础上增加了肌理效果（例如杂色），通过颜色的深浅来处理明暗关系，但并不追求立体感，画面看起来十分舒服。肌理风插画常运用在平面设计、品牌形象设计、数字媒体、图书以及动画游戏等领域。这类插画的特点如下。

- 无描边，使用色块区分元素：画面没有描边，整体风格十分轻快。同时，通过色块的明暗变化来区分每个元素，如图14-6所示。
- 扁平化风格与颗粒感：肌理插画在保持扁平化风格的基础上，巧妙地添加了肌理笔触效果，使得画面在保持简洁的同时，又不失细腻与丰富性，如图14-7所示。
- 高色彩饱和度与对比：肌理风插画的色彩饱和度高、对比强烈，使得画面十分鲜明，极具视觉冲击力。
- 层次感和细节并重：通过模拟和再现物体表面的纹理与质感，在平面上创造出丰富的层次感和真实感。同时，极致追求细节，通过细腻的纹理描绘，使画面更加生动逼真，充满艺术感染力。

图14-6　　　　　　　　　　图14-7

4. MBE风插画

MBE风插画是一种特殊的插画，强调简约、几何化的形式，通常使用明快的颜色和强烈的对比，具有独特的现代感和艺术感。MBE风插画通常被应用于插图设计、海报设计、品牌设计等领域。这类插画的特点如下。

- 简约的几何形状：MBE风插画通常采用简约的几何形状，如圆形、矩形、三角形等，强调简洁、清晰的设计风格。
- 明快的颜色：MBE风插画常使用鲜艳、明快的颜色，如红色、蓝色、黄色等，以及对比强烈的色彩，使作品更加生动、夺目，如图14-8和图14-9所示。
- 图案重复、对称：MBE风插画中常常会出现重复和对称的图案，营造出一种有序、规律的美感。
- 黑色轮廓：MBE风插画通常会使用黑色的粗线来勾勒形状，以增强作品的视觉冲击力和立体感。
- 现代主义风格：MBE风插画代表了20世纪60年代的现代主义设计风格，强调实用和艺术感，具有强烈的时代气息。

5. 绘本风插画

绘本风插画是指用于儿童绘本的插画，它通过结合图像和文字为故事情节增添视觉魅力和表现

图14-8　　　　　　　　　　图14-9

力。绘本风插画通常具有明亮、色彩丰富的特点，可以吸引孩子们的注意力，并帮助他们理解故事内容。这类插画的特点如下。

图14-10   图14-11

- 风格多样：包括但不限于手绘风格、水彩风格、素描风格、油画风格和数字绘画风格等，如图14-10和图14-11所示。每种风格都有其独特的视觉特点和表现力。

- 色彩鲜艳与线条简洁：使用鲜艳的色彩和简洁的线条来展现形象，可以吸引观众（特别是儿童）的注意力，同时也有助于清晰地传达故事情节和主题。

- 形象可爱与故事性强：绘本风插画中的形象通常设计得十分可爱、充满童趣，能够引发观众的共鸣。同时，插画师会运用合理的构图、色彩和线条等来讲述故事，使绘本风插画具有强烈的故事性。

- 实用性与艺术性并重：绘本风插画不仅具有艺术性，能够展现插画师的创造力和想象力，同时也具有实用性，能够辅助表达文字内容，帮助观众更好地理解和感受绘本的故事和主题。

6. 国潮风插画

国潮风插画是指结合了中国传统元素和现代时尚元素的插画。这种插画具有传统的中国元素，如汉服、中国画、京剧、山川、古建筑等，与现代的时尚、潮流元素相结合，形成了独特的艺术风格。国潮风插画通常具有丰富的色彩和独特的视觉效果，能展现出中国传统文化的魅力和现代时尚的风采。国潮风插画的一些元素和特点如下。

- 传统文化元素：国潮风插画常常使用传统的中国元素，如汉服、古建筑、传统乐器等，以展现中国传统文化的魅力，如图14-12和图14-13所示。

- 现代时尚元素：国潮风插画也融入了现代时尚元素，如潮流服饰、街头文化等，使作品更具时代感和现代气息。

- 色彩丰富：国潮风插画通常采用饱和度高的色彩，使画面更加生动、鲜明、引人注目。

- 线条流畅：国潮风插画的线条常常流畅优美，结合传统中国画的笔法特点，呈现出了独特的艺术风格。

- 文化融合：国潮风插画是中西方文化的结合，融合了中国传统文化和现代西方文化，展示出多元化和包容性。

图14-12   图14-13

7. 立体风插画

立体风插画是一种具有立体感的插画，通过透视、阴影和光影使画面看起来具有三维的立体效果，极具空间感和质感。立体风插画不仅适用于平面设计、品牌形象设计、包装设计等领域，还广泛应用于动画、游戏设计、绘本等多个领域。这类插画的特点如下。

- 立体感与真实感：通过灵活运用透视、阴影和光影等，画面能呈现出强烈的立体感和真实感。

- 透视感与空间感：这类插画利用透视原理创造出深远的空间感。无论是2.5D还是3D立体风插画，都能通过独特的视觉设计让观众感受到画面的层次感和深度，如图14-14和图14-15所示。

- 多样性与创意性：立体风插画在创作过程中可以运用各种绘画媒介，如彩铅、颜料等，也可以结合数字技术进行制作。

图14-14　　　　　　　　　　　图14-15

8. 描边风插画

描边是一种常见的艺术设计手法，它通过在物体或人物轮廓周围加上明显的线条（描边）来强调形状、增强视觉效果，并给作品增添独特的魅力。描边风插画广泛应用于漫画、动画、图标设计、广告和图书插画等领域。这类插画的特点如下。

- 明显的描边：描边风插画的显著特点是画面中的对象边缘线条非常明显。可以选择与画面整体色调形成对比的颜色作为描边颜色，以突出描边的效果，常用颜色为黑色，如图14-16和图14-17所示。

- 轮廓化：这类插画有效地将画面中的对象进行轮廓化处理，使得每个对象都成为单独的个体。

图14-16　　　　　　　　　　　图14-17

14.1.3　插画的构图

插画的构图方式大致可以分为对称构图、中心构图、对角构图、三角形构图、框式构图、三分构图、紧凑构图、S形构图及垂直线构图，下面介绍常用的构图方式。

- 对称构图：将画面分为左右或上下两个部分，给人平衡的感觉，画面结构平衡、相互对应，展现平衡、稳定且和谐的视觉效果。

- 三角形构图：将元素排列成正三角形或斜三角形形状，从而营造出视觉上的稳定性和层次感。这种构图方式不仅使画面看起来更加有序和协调，还能有效引导观众的视线，增强画面的吸引力。

- 紧凑构图：将画面元素紧密地排列，凸显紧凑而有力的视觉效果。这种构图方式常用于表现紧张、激烈或充满动感的主题，使画面充满力量和张力。

- S形构图：将画面元素以S形串联，形成流畅而富有韵律感的视觉效果。这种构图方式能够增强画面的动态感和节奏感，使画面看起来更加生动和有趣。

- 垂直线构图：以垂直线为主要构成元素，通过垂直线的排列、组合和变化来构建画面的构图方式。这种构图方式给人以力量、稳定、上升或下降的视觉感受，常用于表现崇高、庄严、力量或动感等主题。

14.1.4　插画的创作工具

插画的创作形式自由，从传统的铅笔、毛笔、马克笔、水彩颜料等，到现在的数字绘画工具，每种工具都有其特点和适用场景，下面进行简单介绍。

1. 数位板

这是一种结合了计算机技术与手绘效果的工具。使用数位板，插画师可以在计算机上直接绘制插画，通过调整笔刷的压力和倾斜度模拟出传统手绘的效果。同时，它还能方便地保存、修改和分享作品。

2. 平板电脑

一些具有强大绘画功能的平板电脑也成为插画师的创作工具。这些设备配备有专业的绘画软件，可以随时随地进行创作。

3. 专业绘画软件

专业绘画软件包括Photoshop、Illustrator、Procreate和Clip Studio Paint等，这些软件提供了丰富的绘画工具和功能，如各种笔刷、图层、色彩调整功能等，能帮助插画师创作出精美的插画作品。

14.2　绘制雪天场景插画

下面运用插画设计的相关知识进行实操，对雪天场景进行绘制。

14.2.1　案例分析

下面分析本案例的设计背景和设计元素。

1. 设计背景

- 产品名称：雪天场景插画。
- 设计目的：营造一个充满童真与梦幻的雪天场景，唤起人们对冬季美好时光的回忆，同时表现出对自然、生活、童年的热爱与向往。
- 目标受众：儿童及其家长，以及对美好的大自然和童年回忆有情感共鸣的广大成年人。

2. 设计元素

- 背景：背景采用蓝色调，以表现雪天的寒冷与纯净。
- 植物与动物等：在画面右侧绘制一棵落满积雪的树。在树下绘制一只冬眠的刺猬，增强画面的趣味性和生动性。在左侧绘制一个雪人，与画面整体风格相协调。
- 人物：小男孩趴在堆好的大雪球上，表现出他对雪的喜爱和玩耍的欢乐。小女孩则戴着手套和帽子站在雪人旁边。

14.2.2　创意阐述

本插画构建了一个温馨而富有童趣的雪天场景。选择蓝色为背景主色调，不仅凸显了雪天的清冷，还为整个画面奠定了宁静而和谐的基调。雪花的飘落和树上的积雪进一步强化了雪天的氛围，让人仿佛置身于一个银装素裹的童话世界。小男孩与雪球的互动、小女孩以及雪人的存在都展现了孩子们对雪的喜爱和无限想象。而冬眠的刺猬则为画面增添了一抹趣味和生动，让人感受到人与大自然的和谐与美好。

14.2.3 操作步骤

实操 *14-1* / 绘制雪天场景插画

📦 **实例资源** ▶ \第14章\绘制雪天场景插画\雪天

微课视频

1. 绘制背景部分

Step 01 新建宽度为297mm、高度为210mm的文件，填充蓝色（#5FC4E7），如图14-18所示。

Step 02 选择钢笔工具，在控制栏中将填色设置为白色，描边设置为6pt、#DFE3E1，绘制雪地部分，如图14-19所示。

图14-18 图14-19

Step 03 选择画笔工具，修饰雪地，如图14-20所示。

Step 04 框选雪地部分，按Ctrl+G组合键编组，如图14-21所示。

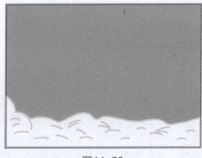

图14-20 图14-21

Step 05 选择画笔工具，在控制栏中设置参数，如图14-22所示。

图14-22

Step 06 绘制大树部分，如图14-23所示。

Step 07 框选绘制的树的路径，执行"对象>实时上色>建立"命令，效果如图14-24所示。

Step 08 设置填色为白色，选择实时上色工具，单击进行填色，如图14-25所示。

Step 09 设置填色为棕色（#CB8951），选择实时上色工具，单击进行填色，如图14-26所示。

图14-23　　　　　　　　　　　图14-24

图14-25　　　　　　　　　　　图14-26

Step 10　设置填色为浅棕色（#DFA980），选择实时上色工具，单击进行填色，如图14-27所示。

Step 11　选择画笔工具，绘制闭合路径并填充白色，如图14-28所示。

图14-27　　　　　　　　　　　图14-28

Step 12　选择螺旋线工具，绘制螺旋线，如图14-29所示。

Step 13　选择直接选择工具，调整螺旋线使其闭合，并填充颜色（#DFA980），如图14-30所示。

图14-29　　　　　　　　　　　图14-30

Step 14　选择画笔工具，绘制闭合路径并填充白色，如图14-31所示。

Step 15　选择画笔工具，绘制雪球，如图14-32所示。

Step 16　在控制栏中设置填充为"无"，绘制波浪线修饰雪球，如图14-33所示。

Step 17　执行"窗口>画笔"命令，在弹出的"画笔"面板中单击"画笔库菜单"按钮，在弹出的菜单中选择"艺术效果>艺术效果_粉笔炭笔铅笔"命令，在弹出的"艺术效果_粉笔炭笔铅笔"面板中选择"Chalk"，如图14-34所示。

图14-31

图14-32

图14-33

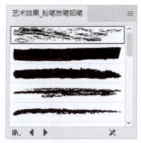

图14-34

Step 18 设置描边为1pt、#E7F4F9，在雪球阴影处进行绘制，如图14-35所示。

Step 19 选中雪球的全部路径，按Ctrl+G组合键编组，"图层"面板如图14-36所示。

图14-35

图14-36

微课视频

2. 绘制人物和雪人等

Step 01 选择画笔工具，设置填色为"无"，描边为黑色、1pt，绘制小女孩，如图14-37所示。

Step 02 框选小女孩的全部路径，执行"对象>实时上色>建立"命令，效果如图14-38所示。

图14-37

图14-38

Step 03 设置填色为白色，使用实时上色工具进行填充，如图14-39所示。

Step 04 更改填色为棕色（#653C1C），使用实时上色工具进行填充，如图14-40所示。

Step 05 分别更改填色为蓝色（#8FC0DE、#5395D0），使用实时上色工具进行填充，如图14-41所示。

| 图14-39 | 图14-40 | 图14-41 |

Step 06 更改填色为粉色（#F6BCBC），使用实时上色工具进行填充，如图14-42所示。

Step 07 分别更改填色为红色（#EB6162、#DB1516），使用实时上色工具进行填充，如图14-43所示。

Step 08 更改填色为黄色（#F4CB22），使用实时上色工具进行填充，如图14-44所示。

| 图14-42 | 图14-43 | 图14 44 |

Step 09 更改填色为橙色（#E06B24），使用实时上色工具进行填充，如图14-45所示。

Step 10 更改填色为紫色（#B6B1D8），使用实时上色工具进行填充，如图14-46所示。

Step 11 更改填色为黑色，使用实时上色工具进行填充，如图14-47所示。

| 图14-45 | 图14-46 | 图14-47 |

Step 12 更改填色为肉色（#FCE8E7），使用实时上色工具进行填充，如图14-48所示。

Step 13 选择椭圆工具，绘制腮红部分，并填充粉色，设置描边为"无"，如图14-49所示。

| 图14-48 | 图14-49 |

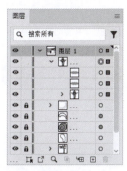

图14-50

Step 14 按住Shift键选中人物和腮红，按Ctrl+G组合键编组，"图层"面板如图14-50所示。

Step 15 选择画笔工具，绘制雪人，如图14-51所示。

Step 16 创建"实时上色"组后填充颜色，如图14-52所示。

Step 17 选择椭圆工具，绘制雪人的腮红部分，填充粉色，描边设置为"无"，如图14-53所示。

图14-51

图14-52

图14-53

Step 18 选择画笔工具，绘制积雪并填充颜色，如图14-54所示。选中雪人、腮红和积雪部分，按Ctrl+G组合键编组。

Step 19 选择画笔工具，在雪球上方绘制人物，如图14-55所示。

Step 20 创建"实时上色"组后填充颜色，如图14-56所示。

图14-54

图14-55

图14-56

3. 绘制其他部分

Step 01 选择画笔工具，绘制刺猬的床并填充颜色，如图14-57所示。

Step 02 绘制刺猬，创建"实时上色"组后填充颜色，如图14-58所示。

Step 03 选择椭圆工具，绘制刺猬的腮红部分，并填充粉色，设置描边为"无"，如图14-59所示。

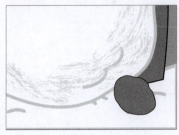
图14-57

图14-58

图14-59

Step 04 选择画笔工具，绘制刺猬的刺，如图14-60所示。

Step 05 使用椭圆工具与圆角矩形工具绘制雪花，如图14-61所示。

Step 06 按住Alt键复制雪花并调整其大小，如图14-62所示。选中所有雪花，按Ctrl+G组合键编组。

图14-60

图14-61

图14-62

Step 07 使用矩形工具绘制和画板等大的矩形，如图14-63所示。

Step 08 解锁全部图层，按Ctrl+A组合键全选，创建剪切蒙版，如图14-64所示。

图14-63

图14-64

至此，整个插画的制作完成。